U0323471

基于沙棘柔性坝技术的砒砂岩区小流域水土保持研究

杨方社　毕慈芬　著

中国环境出版社·北京

图书在版编目（CIP）数据

基于沙棘柔性坝技术的砒砂岩区小流域水土保持研究/杨
方社，毕慈芬著. —北京：中国环境出版社，2015.3

ISBN 978-7-5111-2264-3

Ⅰ. ①基… Ⅱ. ①杨…②毕… Ⅲ. ①砂岩－小流域－
水土保持－研究 Ⅳ. ①S157

中国版本图书馆 CIP 数据核字（2015）第 039458 号

出 版 人	王新程	
责任编辑	连 斌	赵楠婕
责任校对	尹 芳	
封面设计	宋 瑞	

出版发行 中国环境出版社
（100062 北京市东城区广渠门内大街 16 号）
网　　　址：http://www.cesp.com.cn
电子邮箱：bjgl@cesp.com.cn
联系电话：010-67112765 编辑管理部
　　　　　010-67110763 生态（水利水电）图书出版中心
发行热线：010-67125803，010-67113405（传真）

印　　刷	北京中科印刷有限公司
经　　销	各地新华书店
版　　次	2015 年 11 月第 1 版
印　　次	2015 年 11 月第 1 次印刷
开　　本	787×960　1/16
印　　张	13.00
字　　数	250 千字
定　　价	39.00 元

前　言

　　黄河的根本问题是泥沙问题，而且主要是粗泥沙问题。黄河粗泥沙主要来自于黄河中上游的多沙粗沙区，而砒砂岩区是多沙粗沙区最为集中的粗泥沙来源区，也是黄土高原最为严重的水土流失区域，被喻为"世界水土流失之最"，亦有"地球环境癌症"之称。沙棘植物柔性坝是利用植物措施治理水土流失、利用自然改造自然的生物工程，是治理小流域沟道泥沙的一种有效措施。小流域是大流域的基本构成单元，大流域系统化的水土流失治理最终要回归到对小流域的水土流失治理上。为了治理砒砂岩区域的土壤侵蚀与水土流失，开展基于沙棘柔性坝技术的砒砂岩区小流域水土保持综合治理研究，提出砒砂岩区小流域水土保持综合治理技术模式，可为沙棘柔性坝在砒砂岩地区的推广、规划与栽植提供理论依据与技术支撑，在理论与实践上具有重要意义。

　　本研究在前期野外原型与野外水流试验的基础上，结合砒砂岩区小流域推广试验，进行了以下几项研究。第一，分析了基岩产沙区及砒砂岩区的自然地理及环境基本特征，并对该区的基本环境问题、灾害特征进行了简要介绍。第二，分析了砒砂岩区的土壤侵蚀及产流输沙特征，对砒砂岩区沟道输沙机理进行了分析与探讨，初步建立了冻融风化侵蚀模型，并对砒砂岩区土壤侵蚀分类进行了讨论。第三，分析了不同种植参数下，沙棘柔性坝对水流特性的影响，探讨了沙棘植物柔性坝的滞流拦沙作用与机理（内容包括：沙棘柔性坝内水深及流速的纵、横向变化，垂向速度分布与变化以及沙棘柔性坝阻力构成及其无量纲函数形式）。第四，对沙棘植物柔性坝的生态效应进行了分析，包括对砒砂岩沟道土壤的改良效应及对沟道土壤水分的改善效应。第五，讨论了沙棘植物柔性坝坝系系统工程技术，内容包括：沙棘植物柔性坝的规划设计与栽植技术，沙棘植物柔性坝的规划设计原则与方法，沙棘植物柔性坝在不同地形沟道情况下的典型设计与栽植技术等。第六，基于沙棘柔性坝坝系系统工程技术，结合刚性工程，提出了砒砂岩区小流域沟道综合治理技术模式，主要包括：一是就地拦沙的治理思路与技术模式，二是就地持水（即就地蓄水或水土流失）的治理思路与技术模式。第七，对沙棘植物在砒砂岩区水土资源可持续利用中的协调功能进行了探讨，主要包括协调沟道水、土、沙资源，协调沟与坡生态恢复过程，协调生态与经济的关系，协调人与环境的关系等。最后，对沙棘柔性坝技术及本研究所提出的小流域水土保持综合治理技术模式在砒砂岩区准格尔旗圪秋沟水土保持与生态综合治理推广示范项目中的应用与实践进行了介绍。

野外调查研究与理论分析表明，沙棘是砒砂岩区沟道水土流失治理的先锋树种，具有不可替代性。针对砒砂岩区的具体实际，该区应该坚持以小流域为单元，合理规划，规模治理，坚持在一定配置条件下，以刚柔结合的沙棘柔性坝与淤地坝坝系生态工程为主体，坚持以小流域沟道为主的综合治理技术模式，因地制宜，加强对禁牧区域的管理与力度，进一步加强退耕还林还草政策的实施与落实，积极推进植被建设与恢复，营造生态系统恢复的基本条件，必将能够恢复砒砂岩区的生态系统，改善生态环境。

本书第 3 章、第 4 章、第 7 章、第 8 章由杨方社、毕慈芬撰写，其余各章节均由杨方社撰写。全书由杨方社统稿，毕慈芬定稿。

砒砂岩区自然地理及其环境较为复杂，由于经济的快速发展，频繁的人类活动，加大了对生态环境的破坏，治理难度依然较大，加之缺乏健全系统的泥沙与野外生态观测网络，资料不甚丰富，虽然针对砒砂岩区的水土流失与治理做了一些工作，但依然还有许多问题未能很好地解决。其他的一些有关问题，还需要在今后大量观测资料的基础上，进一步地深入研究。本书由于编撰时间短，加之作者的水平有限，书中难免有错误与不妥之处，敬请读者批评指正。

作　者

2015 年 1 月于西安

目　录

1 绪 论

1.1 黄土高原水土流失及其治理简述

水土资源是人类生存和文明发展的重要物质基础，是进行农业生产的基本条件。随着人口的增加、经济的发展、文明进程的推进，人类开始过度开发和利用自然资源，导致了资源短缺、环境污染加剧、生态环境恶化等一系列问题，而这些问题的根源就是土壤侵蚀、水土流失及水土资源的严重破坏。

水土流失问题已成为全世界的严重灾害，是全世界广泛关注的热点问题。由于人类活动的加强以及经济发展的加速，水土流失已严重地威胁着人类的生存和发展。近些年来，在世界范围内频繁发生的沙尘暴就是大自然对人类的报复。有关专家指出，"水土流失将成为 21 世纪人类生存与发展面临的头号环境问题"，必须引起人类的重视，并加以治理与解决[1]。据统计，全世界目前水土流失面积达 25 亿 hm²，占全球耕地、林地和草地总面积的 29%，据联合国环境规划署估计，由于土壤侵蚀，全世界每年可丧失耕地 500 万～700 万 hm²，到 21 世纪末有可能增加到 1 000 万 hm²，严重阻碍了经济的持续发展。水土流失可引发水分损失、土壤损失、土壤养分损失，导致江河湖库泥沙淤积、干旱洪涝灾害及河流盐碱化、湖泊富营养化等一系列生态灾难。据联合国环境规划署的统计，全球每年因水土流失而损失的土壤量达 600 亿 t，如果以土层平均厚度 1 m 计算，只需 809 年，全球耕地土壤将侵蚀殆尽。同时，在全世界土壤总侵蚀量 600 亿 t 中，除了入海的 240 亿 t 泥沙外，剩下 300 多亿 t 全部沉积于内陆的江河湖库，引起一系列的生态灾难。例如，在非洲，撒哈拉沙漠的南缘在最近 50 年中，已有 6 500 万 hm² 的土地不再适合于农牧业，变成了荒漠。苏丹在最近 19 年中，沙漠南移了约 100 km，印度和巴基斯坦的塔尔沙漠在最近 5 年中，每年以 8 km 的速度移动，每年失去 13 000 hm² 肥沃的土地。南美的阿塔卡马沙漠每年向前推进 1.6～3.2 km。人造地球卫星照片表明，利比亚沙漠每年以 13 km 的速度向尼罗河三角洲移动。根据中国水利部门的资料，长江流域每年土壤侵蚀量达 22.4 亿 t，其中 17.12 亿 t 沉积于江河湖库。土壤养分损失导致土壤贫瘠化和河流盐碱化、湖泊富营养化[2]。我国已成为世界上水土流失最严重的国家之一，沙漠化面积还在不断增加，目前已达约 128 万 km²，占国土面积的 13.3%，仅内蒙古、新疆、青海三省区就有 14.3 万 km² 的沙漠是 1949 年以后形成的。根据中国科学院 1992 年 12 月通过卫星遥感技术测得的统计数字，20 世纪 80 年代，我国发生水土流失的土地就已达 375 万 km² 之多[3]。

中国的黄土高原闻名于世，是中华民族的摇篮，是华夏五千年文明的发祥地。几千年来，我们的祖先在黄土高原上创造了举世瞩目的灿烂文明，说明黄土高原曾是资源丰富、植被茂盛、环境宜人、经济繁荣的地区。随着经济的发展，人类活动的加强，享誉世界的黄土高原已今非昔比，由于它特殊的黄土地貌景观和令人触目惊心的土壤侵蚀与水土流失，已成为世界水土流失之最。严重的土壤侵蚀与水土流失使黄土高原的自然资源与生态环境日益恶化，并带来一系列的自然灾害与生态灾难，社会经济发展滞后缓慢，已成为制约黄土高原社会经济发展的首要威胁。黄土高原沟壑纵横、土壤侵蚀愈演愈烈，严重的水土流失给黄河输送了大量泥沙，大大加重了母亲河——黄河中下游的洪涝灾害，威胁着黄河的健康生命。曾是几千年来政治、经济和文化中心的黄土高原如今已变成了一个贫困落后的地区，这引起了中华民族及国际友人的关注[4-6]。

黄土高原大部分位于宁夏、山西、陕西、甘肃、青海、内蒙古和河南，有世界上最大的风积黄土地层。这种土壤，厚度在有些地方超过 100 m，由于其颗粒细微和不易分离的特性，因此属高度易水土流失土壤。水土流失常带来严重的后果，如土地退化、生态环境恶化、土壤含蓄水源能力降低、洪枯比加大、易旱易涝、水旱灾害频繁、耕地面积减少，沙漠面积不断扩大[7,8]。几乎所有的水土流失类型和程度在黄土高原均有发生，黄土高原地区划分为三种类型：主要暴露于风蚀的地区、风蚀和水蚀双重区以及水蚀区。水蚀及水蚀-风蚀类型的面积占黄土高原地区水土流失总面积的 75%。在 20 世纪 80 年代后期，年土壤流失超过 5 000 t/km² 的土地面积达到21.13 万 km²，大约占黄土高原地区土地总面积的34%，涉及省份包括甘肃、陕西和山西，分别占各水土流失强度总面积的 36%、34%和 20%。12%的土地受到严重的水蚀，每年土壤流失 1 万 t/km²，在 20 世纪 90 年代初，陕西水土流失强度超过 1 万 t/km² 的土地面积甚至达到了 73%。几乎所有的研究都表明在过去的几十年间，遭受水蚀和风蚀的土地显著增加，大部分研究表明这种增长幅度为 20%～30%[9]。

黄土高原地区由于水土流失严重，大量泥沙淤积在黄河下游河床，形成著名的地上悬河，严重威胁着黄淮海平原 25 万 km² 上 1 亿多人口的生命财产安全。全国人大环资委主任曲格平曾指出："严重的水土流失实际是我们的国土在流失，在我国众多环境问题中，水土流失是头号环境问题。目前包括长江、黄河等七大流域在内，全国水土流失面积达到 367 万 km^2，约占国土总面积的 1/3 以上。我国每年的土壤流失量多达 50 亿 t。加快治理水土流失迫在眉睫，这是关系到经济可持续发展，国家长治久安的根本大计。"

新中国成立以来，为了有效地控制和治理黄土高原水土流失，达到最佳的水土保持效果，在党和政府的领导下，我国人民对黄土高原进行了独一无二的治理，取得了举世瞩目的成就。广大科技工作者为控制黄土高原的水土流失也作出了重要贡献，取得了许多研究成果。到目前为止，我国在黄土高原已经取得了一套完整的较为成熟的水土保持经验，其中的一个创举就是小流域综合治理。这种小流域治理已发挥了巨大效益，主要表现为：①改造了黄土高原土地和自然环境面貌；②提高了土地的生产力，改善了农民的经济生活水平；③减少了泥沙流失。实践证明，小流域综合治理已经成为黄土高原治理的根本措施[10]。

近年来在该区乃至整个黄土高原地区实施的小流域综合治理成效显著，其主要措施有农业措施、生物措施、工程措施和管理措施，前三种为技术措施，比较广泛采用的农业措施有：等高耕作、垄沟耕作等水土保持耕作法、水平梯田、复式梯田、隔坡梯田等梯田法，主要用于坡面治理；生物措施有：植树、造林、种草、栽植植物篱笆等生物工程法，主要作用在于增加地面植被，增大地表糙率保护坡面与沟道的土壤免受雨滴打击和暴雨径流的冲刷，侧重于坡面与沟道治理；工程措施有山坡防护工程和沟道防护工程，山坡防护工程包括：坡面拦水沟埂、水平沟、水平阶、鱼鳞坑、山坡截流沟、山洪排导工程，主要是通过改变微地形来防止坡面的水土流失，就地拦蓄雨水，沟道防护工程包括：沟头防护工程、谷坊、淤地坝、骨干坝、小型蓄水塘库等，主要用于坡面治理及防止沟头前进、沟床下切和沟岸扩张，减缓沟床纵横比降，调节山洪流量，减少山洪或泥石流的固体物质含量，使其安全排泄；管理措施有：禁牧、封山育林、退耕还林还草等措施。以上的诸多工程措施的具体形式及平面布置在《黄河水土保持志》中有详细的说明。根据黄土丘陵沟壑区的地貌和土壤侵蚀特性，该区可分为梁峁坡、沟谷坡和沟道三部分，在多年小流域治理的实践中已逐步形成了所谓"五道防线"的综合治理模式，即梁峁顶防护体系——防风固土，保护峁顶及其附近地域；梁峁坡防护体系——拦蓄降水、保持水土，把梁峁坡变为农业和生产基地；峁缘线防护体系——拦截梁峁坡防护体系的剩余径流，分割水流，防治溯源侵蚀；沟谷坡防护体系——修建工程，造林种草以削弱产汇流，进一步拦截上段防护体系的剩余径流与削减水流剪力，保土护坡；最后是沟道（底）防护体系——拦截坡面防护体系的剩余径流泥沙，做到土不出沟，水就地拦截入渗，并可形成沟谷湿地，减少入黄泥沙,变荒沟为坝地、湿地。这样的层层设防、层层拦截,在黄土高原形成了独特的水土保持综合防护体系[11,12]。姚文艺等[13]对该区的水土保持综合措施的优化配置进行了研究,提出了颇具建设性的意见,对当前水土保持措施的配置具有重要指导意义。

在黄土丘陵沟壑区的小流域综合治理中,沟道治理是重中之重,沟道治理目的在于防止全流域面积上的径流形成的水、土流向下游河道,以便加重下游河道的灾害。在黄土高原丘陵沟壑区的丘一和丘二副区多为峁状丘陵,沟壑密度极大,主要以谷坊和淤地坝为主要工程措施,在丘三、丘四副区多为梁状丘陵,坡面较完整,除使用谷坊和淤地坝外,还在坡面通过农耕措施(整修坡面、修水平梯田等)和植物措施(植树种草)以减少入沟径流;在丘五副区坡面坡度较缓(大部分低于 15°),丘陵间散布小盆地,侵蚀多沿小盆地上的蚀沟发展,主要治理措施是在小盆地上修筑谷坊或拦沙坝,并沿沟头修建防护围埂林带,拦截径流和防止沟头向前蚀进。虽然坝库控制及大面积的水土保持工程措施在快速蓄水拦沙方面起到了巨大作用,但如今却面临众多问题。①现有坝库蓄水拦沙作用日益衰减,淤地坝水毁增沙严重。随着时间的推移,坝库蓄水拦沙的作用正日益减弱,据调查,主要原因一是大部分骨干工程坝库渗漏严重,有效库容严重淤损,亟待加固、加高,二是淤地坝的水毁垮坝。据调查,多沙粗沙区水库淤损率达 35%以上,红柳河、芦河水库群库容淤损率达 48.6%,为数不少的水库已淤满报废。据陕西省水土保持局淤地坝普查资料表明,截至 1993 年,陕北地区共建的 31 924 座淤地坝,库容淤损率达 77%[14]。②坝地盐碱,群众难以保收。③缺乏骨干工程,容易造成自上而下的连锁垮坝事件。④病、险坝太多,加固加高难度大。这些问题已引起政府部门、专家学者及广大科技工作者的关注与研究,引起人们的反思,希望寻求一种可持续、可循环发展的生态经济措施。

实践表明,在诸多治理措施中,工程措施是重要治理措施,并非根本治理措施,人们已经意识到只有水土保持植物措施才是标本兼治的最根本措施。

1.2 黄河泥沙问题简述

黄河的症结是泥沙问题,特别是泥沙颗粒大于 0.05 mm 的造床质泥沙。泥沙主要危害黄河中下游河段,如宁蒙河段、龙潼河段和下游河段。由于泥沙淤积,河床不断抬高,沙滩散乱,流路摆动不定,河势千变万化,成为世界上最典型的游荡性河段。不仅使洪水位抬升,严重威胁堤防安全,酿成洪水灾害;而且常常使引水口脱溜,难以达到正常引水。加之水流含沙量既高又粗,常使渠道淤塞、抽水泵水轮机叶片机械磨损。更使河流不能通航、水资源得不到充分利用，对国民经济发展造成极大的影响[15]。

从原始社会开始，黄河流域的先祖们，为了生存，在与黄河水旱灾害进行斗争的过程中，就涉及对洪水泥沙控制问题的研究，同时也在积极地寻找解决这一问题的良策。近代李仪祉在悉心研究黄河各方面问题之后，针对我国古代治河偏下游，黄河得不到根治的情况，提出"上中下并重，防洪、航运、灌溉、水电等各项工作都应统筹兼顾"的"治黄"方针[16]。他主张在西北黄土高原的田间、溪沟、河谷中截留水沙，提倡黄河治理应与当地农、林、牧、副、渔等生产结合起来。"人民治黄"以来，张含英提出治理黄河应全河整体而治的观点，不应只就下游论下游，就中游论中游，而应统筹上、中、下游，主流与支流兼顾，以整个流域为对象，以控制祸害、开发资源、安定社会、发展人民生活为目标[17]。1953年，王化云提出：黄河治理与其他河流治理相比，主要在于泥沙冲淤问题，治理的基本方针是"蓄水拦沙"，就是把泥沙拦在西北的千沟万壑里。依据这一方针，他提出在黄河干流上从邙山到贵德，修筑二三十个大水库、大电站，在较大的支流上修筑五六百个中型水库，在小支流上及大沟壑里修筑二三百个小水库，同时将水沙与农、林、牧、副、渔等农业经济相结合，全面进行水土流失的治理。通过这样的办法，大小河沟就可变为阶梯式相互衔接的蓄水拦沙库，这样就可把泥沙拦在大西北。1955年7月18日，邓子恢在《关于根治黄河水害和开发黄河水利的综合规划报告》中指出："我们对于黄河所应采取的方针就是不把水和泥送走，而是对水和泥沙加以控制和利用"。他提出的具体办法是：第一，在黄河干流和支流上修建一系列拦河坝和水库，依靠这些拦河坝和水库，我们可以拦蓄洪水和泥沙、防止水害、调节水量、发展灌溉和航运，更重要的是可以建设一系列不同规模的水电站，获取大量的廉价电力资源；第二，在黄河流域水土流失严重的地区——甘肃、陕西、山西、内蒙古四省（自治区），展开大规模的水土保持工作。这就是说，要保护黄土，使它不受雨水冲刷，拦蓄雨水使它不要流入山沟和下游河流，这样既避免了中游地区的水土流失，也消除了下游水害的根源[17]。

三门峡水利枢纽是开发黄河水利、控制黄河水害的第一大工程。1964年12月，周恩来总理指出："总的战略是要把黄河治理好，把水土结合起来解决，使水土资源在黄河上、中、下游都发挥作用，让黄河成为一条有利于生产的河。"1969年6月，在三门峡召开晋、陕、豫、鲁四省治黄会议，研究三门峡工程进一步改建和黄河近期治理问题。会议认为，泥沙是黄河的症结所在，控制中游地区的水土流失是治黄的根本，在一个较长时间内，洪水泥沙对下游仍是一个严重的问题，必须设法加以控制和利用[17]。

上述治河观点中，均提出或指出治黄应首先从黄河上中游产沙区的治理入手，就是把泥沙拦在产沙区，拦沙的内容有三方面：其一是水土保持，其二是在干支流上修建一系列拦泥库，其三是治沟骨干坝。其具体措施如下：①坡耕地治理技术措施，包括分保土耕作法、沟洫、梯田等。a. 保土耕作法又分为改变微地形的保土耕作法、增加被覆的保土耕作法、改良土壤的保土耕作法。b. 沟洫，是指在坡地上顺等高线布设，除排水外，还兼有蓄水保土的作用，如沟埂梯田（或坡式梯田），后来演变成水平梯田。c. 梯田，把坡地修成水平梯田，其作用在于蓄水保土，改善农作物的生长条件。d. 荒地治理技术措施，分种草育草、造林育林两种。e. 沟壑治理技术措施。其技术措施分为沟头防护、谷坊、淤地坝、保涧固沟4种。f. 小型蓄水工程。有水窖、涝池和塘坝、引洪漫地3种。g. 专项治理措施，分为风沙治理、矿区治理、水库上游治理、渠道沿线治理、铁路沿线治理、公路沿线治理6种。②拦泥库措施。a. 1955年《关于根治黄河水害和开发黄河水利的综合规划报告》中提出，为了拦阻三门峡以上支流的泥沙，以保护三门峡水库，需要修建渭河支流葫芦河上的刘家川、泾河上的大佛寺、北洛河上的六里峁、无定河上的镇川堡、延河上的甘谷驿5座大型拦泥库。在其他几条支流上修建5座小型拦泥库。上述提出的拦泥库由于淹没耕地损失大，不适合我国人多地少的情况，后来未能修建。b. 1963年，为了解决三门峡水库的实际淤积问题，又选择了干流上的喷口、泾河上的东庄、北洛河上的南城里修建3座拦泥库方案，运用一段时间后，继续计划修建泾河上的巩家川、北洛河上的永宁山、渭河上的宝鸡峡、无定河上的王家河4座拦泥水库方案，上述提出的拦泥库，因故尚未修建。③修建治沟骨干坝。20世纪80年代，为了配合三门峡水库调水调沙，保持黄河下游河道的稳定和安全，在黄土高原地区，除继续大力开展水土保持综合治理，加强粗泥沙主要来源区治理外，同时要求重点加快治沟骨干坝建设，拦阻泥沙入黄，主要内容是在黄土高原水土流失最严重地区[侵蚀模数＞5 000 t/（km²·a）]，配合面上的梯田、林草与小沟小坝，在集水面积3～5 km²的支沟内兴建，每坝库容大部分为50万～100万 m³，少数在100万～200万 m³，个别达500万 m³。作为控制工程，用以提高沟中坝系的防洪标准，同时可以拦泥淤地，既可以增产粮食，又可减少入黄泥沙。据1992年底统计，在建工程400座，完建工程295座，旧坝加固工程101座，这批骨干坝共拦沙2.95亿 t，保证下游6 746.7 hm²滩坝地安全生产。前期可浇地2 400 hm²，每年增产粮食703.5万 kg，后期可淤地3 360 hm²，这是一项成功的"上拦"措施[17]。

在黄土高原各种土壤流失类型区的坡耕地治理中，保土耕作法、沟洫和梯田发展很快，技术已趋于完善。近年来，随着国家投入增加，人民生活和社会经济发展水平的提高,甘肃省定西县、内蒙古等干旱地区混凝土衬砌水窖取得长足发展,加之微灌、滴灌技术配合,坡耕地治理成效显著。20世纪80年代以来沟壑中淤地坝、治沟骨干坝也已取得显著成效,然而美中不足的是对千沟万壑、形态各异的支毛沟头除挖排水沟,种植沟头防冲林、柳谷坊外,尚无彻底的控制沟头溯源侵蚀、沟岸扩张的系统控制技术,为此需要进行后续补充研究。黄土高原的泥沙主要产于沟壑,而沟壑中主要集中于支毛沟头。为此,针对集中产沙的基岩产沙区的支毛沟头,需要进行防止土壤侵蚀的水土保持综合技术的后续研究,这已成为21世纪黄河泥沙问题和黄土高原生态环境主要研究课题之一。

1965年,我国著名的泥沙专家钱宁教授根据黄河水利委员会给出的黄河中游粗泥沙输沙模数图(图1-1)和同一时期的实测悬移质级配资料,得到了黄河中游新黄土中径变化图(图1-2),由图可知大于0.05 mm的粗泥沙主要集中在两个区域内,第一区域为黄甫川至秃尾河等各条支流的中下游地区,粗泥沙输沙模数达10 000 t/($km^2 \cdot a$);第二区域为无定河中下游,粗泥沙输沙模数在6 000~8 000 t/($km^2 \cdot a$)。通过分析三门峡水库修建前(天然情况下)(1950年7月—1960年6月)黄河下游多年平均来沙及排沙情况,得出:黄河下游的严重淤积主要是粗泥沙来源区的洪水所造成的。这一论断首次说明了造成黄河下游河槽淤积的关键所在,指出了造成黄河下游淤积的主要洪水来源区和关键粒径,明确了黄河中游水土保持工作治理的重点在于多沙粗沙区的水土流失治理,为黄河的治理提供了重要科学依据[15]。

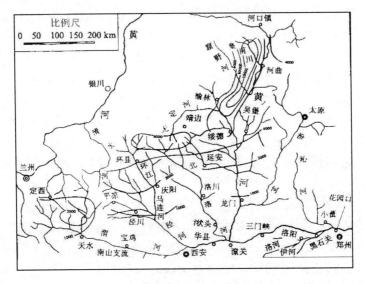

图1-1 黄河中游粗泥沙输沙模数

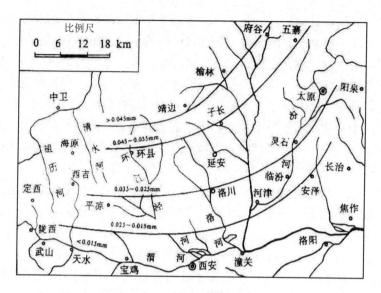

图 1-2　黄河中游新黄土中径变化

　　1980 年，黄河水利委员会科学研究所麦乔威教授分析了三门峡水库投入正常运行后（1969—1974 年）黄河下游年平均各组泥沙冲淤量，又一次得出：造成黄河下游主槽淤积的主要危害是来自中游多沙粗沙区主要支流的洪水。窟野河、黄甫川、孤山川、秃尾河、佳芦河 5 条支流的流域面积仅 1.76 万 km²，但产沙量达 2.46 亿 t，占龙门站沙量的 32%，其中粗沙量占到 40%；如果再加上无定河、岚漪河、湫水河、清涧河、三川河、昕水河、延河共 12 条支流，其沙量占龙门站沙量的 65%，其中粗沙占 80%。因此，从泥沙角度考虑，应该首先治理最主要的 5 条支流，然后再逐步治理其他 7 条支流。同时，麦乔威教授还给出了不同来源区洪水各组泥沙在不同河段的淤积强度，说明三门峡至高村河段粗沙淤积强度最大，其粗泥沙淤积强度为 1 740×10⁴ t/d，占全沙淤积强度的 62%。这一成果是在三门峡水库开始投入运行后得出的，与钱宁教授的结论基本一致，说明黄河下游河槽淤积主要是受粗沙来源区洪水的影响，不因三门峡水库的调节而改变[18]。

　　清华大学水利系教授张仁[19]经过研究后也认为，每年输入黄河的大于 0.05 mm 的粗沙占黄河粗沙总量的 50%～60%，这部分粗泥沙主要来源于较为集中的碎屑基岩产沙区。碎屑基岩产沙区虽然仅占黄土高原水土流失面积 45 万 km² 的 10.6%，但它是黄河中游粗沙的主要来源区，多条黄河一级支流皇甫川、窟野河、十大孔兑（孔兑，蒙古语，指河谷）等皆发源于此。因此，张仁教授也认为黄河泥沙的治理应首先从多沙粗沙来源区着手。

在几十年研究实践的基础上，黄河水利委员会根据黄河治理和水土保持工作的需要，于 1995 年就黄河中游多沙粗沙区区域界定进行了专门研究，后于 2000 年 11 月 23 日发表了《关于发布黄河中游多沙粗沙区区域界定成果的通告》，指出：①以粒径大于等于 0.05 mm 为黄河粗泥沙界限，以年平均输沙模数大于等于 5 000 t/km² 为多沙区指标，确定黄河中游多沙区面积为 11.92 万 km²。②采用二重性原则以多年平均输沙模数大于等于 5 000 t/km² 和粗泥沙侵蚀模数大于等于 1 300 t/km² 为多沙粗沙区指标，确定黄河中游多沙粗沙区面积为 7.86 万 km²，涉及陕西、山西、内蒙古、甘肃和宁夏 5 省区。该项研究成果中确定的多沙粗沙区的面积和范围可作为黄河泥沙治理的基本依据[20,21]。

上述研究表明，来自黄河中上游粗沙多沙区粒径大于 0.05 mm 的粗泥沙始终是黄河下游河槽淤积的有害粒径，从理论和认识上回答了治理粗泥沙来源区的洪水泥沙在治黄中的重要作用。只有从粗泥沙来源区治理入手，才能减少黄河下游河道粗泥沙来源量，从而减缓黄河下游河槽淤积，对增加龙潼河段、三门峡水库、小浪底水库的调节库容和改善黄河中上游水土流失区域的生态环境都十分有利。

黄河中游是黄河泥沙的产源区，特别是在无定河以上北部支流，处于基岩侵蚀地区。黄河水患主要是洪水和泥沙，且两者具有同步性。如前所述，"人民治黄"以来，在总结几千年的治黄史和近代治河经验的基础上，汲取三门峡水库泥沙淤积治理中的教训，在进行了各种探索性研究工作后，最终提出"上拦下排，两岸分滞"的治黄方针。该方针体现了洪水泥沙在黄河上中下游合理分配的格局，也从总体上明确了黄河上中游泥沙的治理必须首先是以拦沙为主。

1.3　植物滞流拦沙研究简述

国内外研究表明[22-31]，植物措施是治理水土流失与恢复生态的根本之举。植物利用其枝、干、叶可以拦滞水流、阻滞泥沙，营造动植物及微生物的栖息地，最终达到恢复生态的目的。现对国内外的植物滞流拦沙研究简述如下。

1.3.1　国外概况

菲律宾、印度、印度尼西亚、墨西哥、哥伦比亚、泰国、秘鲁、卢旺达、哥斯达黎加、肯尼亚、喀麦隆、苏丹、索马里、突尼斯均进行过植物篱试验、应用和推广，并取得良好效果。在印度南部卡那塔卡州（例如坎德帕特和南格德的村庄里）靠近麦瑟的地方，农民围绕农场保留香根草篱已有一百多年的历史[32]。

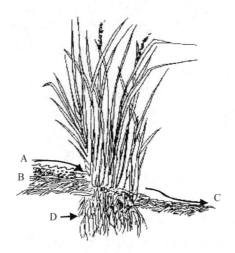

注：香根草的叶和茎在 A 处减缓了携带泥土的径流，使它在 B 处陷下泥土，而水以慢得多
的速度继续流下 C 处山坡。香根草海绵似的根系，见 D，把草下深达 3 m 的土地固定住，
通过沿等高线形成稠密的地下帘帐。草根防止了缝蚀、沟蚀和道蚀。

图 1-3 香根草

20 世纪 50 年代德国正式创立了"近自然河道治理工程学"，提出河道的整治要符合植物化和生命化的原理。Ruh-Ming Li 和 H.W.Shen[33]于 70 年代，曾以高等植物的树干（相当于乔木）为例，对其对水流、泥沙和干扰作用进行了试验研究，得到河道中种植高树木后，床面切应力及断面输沙率明显减少的结论。Schlueter 认为近自然治理（near nature control）的目标，首先要满足人类对河流利用的要求，同时要维护或创造河流的生态多样性。Bidner 提出河道整治首先要考虑河道的水力学特性、地貌学特点与河流的自然状况，以权衡河道整治与对生态系统胁迫之间的尺度。Hohnann 把河岸植被视为具有多种小生态环境的多层结构，强调生态多样性在生态治理的重要性，注重工程治理与自然景观的协调性。Hohnann 从维护河溪生态系平衡的观点出发，认为近自然河流治理要减轻人为活动对河流的压力，维持河流环境多样性、物种多样性及其河流生态系统平衡，并逐渐恢复自然状况[34]。Shoji Fukuoka 调查了水对种有芦苇的岸坡的侵蚀过程，并进行了拉力和侵蚀试验，认为天然植物具有护岸、消浪和防洪作用，可以开发利用[35]。Lzumi 和 Ikeda[36]考虑树木对河岸的影响后，由力学平衡关系，求解了砾石河床的稳定宽度，并由此认为，植物越密，稳定河宽越小。这一点与实际观测结果是一致的。Shoji Fukuoka 和 Kohichi Fujita[37]经对具有植物群作用的河道水位的推求，认为植物对水流作用的最大效果是极大地降低了植物群内的水流流速，部分变成了死水区。因存在高速区与低速区的水流动量交换,从而增大了水流阻力,改变了水流流速分布,影响了水位。Dan Naot 等[38,39]对植物堤、植物带和滩上植物对水流的水动力特性进行了数值模拟计算,所用方程虽然存在一些商榷之处,但对各向异性的树丛水流的模拟,仍是有益的尝试。此外,Felkels[40]对较窄河道的护岸林中的横向水流流速分布进行了观测;J. V. Philips 和 H .W. Hjalmarson[41]研究了洪水对岸边植物的影响,均有较大的理论价值。

1.3.2　国内概况

尹学良[42]教授在《河沟节节滞洪拦沙的图景》中讲道:"在沟谷的干河床和河滩上,自上而下成段种植片林。段长和各段间距,视当地洪水强度而定,以片林不致被一次洪水冲毁过多为度。片林形成后,其间和上下河段将陆续生长林草;而且随淤随长,长期起滞洪拦沙作用。"时钟[43,44]也对海岸盐沼植物——大米草作用下的恒定水流流速剖面进行了精细测量,发现在植物冠层内存在反向流速梯度,导致产生了一个次级流速最大值。我国水保专家李倬[45,46]根据多年来对黄土高原 10 余条沟的调查和分析,认为林木减沙效益主要取决于沟谷林木。同时他认为,对含沙量在 300 kg/m³ 以上的高含沙水流,含沙量如继续增加,其所需的水力强度指标,反而呈下降趋势,乘机可以拦截。高含沙水流的强大冲刷力可使沟床向窄深方向发展,窄深断面则更有利于高含沙水流的输移,这样反复发展使沟床下切,冲刷加剧;而树林形成的宽浅断面则不利于高含沙水流的输移,反而易于淤积。换句话说,就是由于河道植物改变了河道的河相,使水流输沙能力降低。又据李倬的调查,甘肃省西峰市杨家沟仅有林地 40%,1958—1965 年平均减沙效益多达 92.6%,在 10 年左右时间里,河床淤积 0.5 m。天然林区王家沟,由于森林作用,120 多年间,河床抬高 5 m 多,使河床变得宽浅,灌木水草密生,从而步入植物拦沙良性循环的有利状态。

水利部黄河水利委员会(简称黄委会)西峰水保站[47],1951 年在南小河沟进行谷坊试验,修建柳谷坊 25 座,柳桩成活率 99%,生长良好。1952—1953 年在甘肃省董志源南部沟道推广修建柳谷坊 7 888 座,同时,还在南小河沟修建大量土谷坊。甘肃省西峰市南佐村挖钱沟,沟长 1 500 m。1984 年修建柳谷坊 46 座。1986 年调查,谷坊保存完好,柳桩 90%以上成活,株高 3~4 m,沟床不但未冲深,而且每座谷坊上游淤高 0.5 m 以上。甘肃省宁县白店王沟,1952 年修建柳谷坊。1982 年调查,每年谷坊上游淤高 1~2 m,沟底形成阶状台地。1954 年,西峰市杨家沟修建柳谷坊 75 座,到 1963 年,保存 69 座,共拦泥 1 557 m³,平均每年拦泥 226 m³。10 年内沟底平均淤高 0.4 m,沟床由尖窄形变为宽平形。两岸崩塌、滑塌、泻溜土体停在坡脚，沟岸坡度减缓，重力侵蚀逐渐减轻。从 1985 年起，山西省右玉县水保局在该县苍头河、李洪河等河道上连续种植沙棘作顺坝护岸，进行缩河造地，整治河道取得成功。内蒙古准格尔旗巴润哈岱乡在十里长川也进行过上述试验。东胜区在毛匠渠进行过沟道沙棘种植试验。内蒙古水土保持科学研究所在黄甫川五分地沟进行过沙棘与其他灌木联合治理支、毛沟试验。内蒙古鄂尔多斯市在坡面上种植过沙棘篱试验，青海省水保局在互助县沟道的石谷坊后的淤积体上进行过沙棘种植拦沙试验，甘肃省定西县水保局，在土坝上种植杞柳等灌木，进行过水试验[47]。陈江南[48]在详细调查砒砂岩区人工植被分布之后，得到：①沙棘尤其适宜于水土流失严重的裸露砒砂区推广种植，提倡营造沙棘混交林，为其他植物的生长发育创造适宜的环境，促进该区植被向良性演替方向发展。②柠条适宜于盖沙砒砂岩上种植。③油松，具有抗旱、耐瘠薄的特点，但季节性干旱及土壤水分亏缺，均对其生长不利。尽管目前在准格尔旗、东胜区、达拉特旗等地有人工种植的油松，但其生长缓慢，远不如原产区。张淑芝等[49]从水土保持林系的空间有序观点研究沟道工程，结果得到：沟道有机工程占系统的最低空间，与之配套的是溪边灌木林和沟道中的水生植物，以活柳树为骨架的柳谷坊。根据淤积情况，每年都用其自身的柳条编织加高，年年"长高"的柳谷坊和紫穗槐及水生植物一起组成了一个有生命的工程系统，称沟道有机工程，它在整个防护系统中举足轻重。内蒙古张书义等[50]提出建议沙棘治理沟道 4 种方法：一是结合淤地坝发展沟坝地，在较广的沟道垂直水流堆筑 2～3 m 高的格坝，坝上种植沙棘，格坝之间引洪淤地；二是在不太宽的沟道种植沙棘与杨树、柳树混交护岸林，乔木株距不小于 5 m，中间种植沙棘；三是沟道比降大、冲刷严重，结合治沟工程，营造以速生乔木为主的沙棘乔木混交林。

1985 年，自从中国工程院院士钱正英[51]提出"把开发沙棘资源作为加速黄土高原治理的突破口"以后，开始探索用沙棘治理砒砂岩。经调查发现，在砒砂岩区有野生的沙棘生长，为此，开始在砒砂岩裸露区的梁峁陡崖、沟谷、沟底选点试种取得成功。内蒙古鄂尔多斯市于 1986 年开始大面积种植沙棘，1987 年水利部在伊克昭盟成立沙棘办。1989 年黄河中游治理局专题开展砒砂岩地区沙棘示范建设试点，鄂尔多斯市被正式列为黄河中游地区沙棘资源建设示范区。事实上，早在 20 世纪 50 年代后期，山西省右玉县在李洪河等流域，为缩河造地，营造沙棘护岸林，总长 14 600 m，占干流总长 82%。几十年的实践，未发现洪水泛滥。该县马营河流域，1967 年 8 月 5 日出现一次特大降雨，平均雨量 50.17 mm，平均降雨强度 0.43 mm/min，最大降雨强度 1.41 mm/min，最大洪峰流量 640 m³/s。在此次大暴雨的袭击下，人工护岸工程大部分被破坏，但分布于中游沿河两岸的沙棘林未有变动，起着护岸作用，洪水过后，沙棘林内的平均淤积厚度达 0.5 m，每亩落淤达 330 m³，沙棘护岸林地同时防止了淘刷河岸[45,48]。

综上所述，植物增阻拦沙的作用，已毋庸置疑，开展这方面的技术研究是十分必要的，而且是很有意义的。

1.4 沙棘柔性坝简介

1.4.1 粗泥沙洪水的核心来源区——砒砂岩区

前已述及，黄河的根本问题是泥沙，特别是泥沙颗粒大于 0.05 mm 以上的粗泥沙。位于晋、陕、蒙接壤的砒砂岩区，是黄土高原最集中的碎屑基岩产沙区，面积 4.76 万 km²（包括十大孔兑为 5.37 km²），占河龙区间总面积的 42%，年输沙总量 4.7 608 亿 t（包括十大孔兑为 5.89 亿 t），占河龙区间总沙量的 47.8%，其中大于 0.05 mm 的粗沙量为 2.14 亿 t，占河龙区间粗泥沙总量的 71.1%。集中碎屑基岩产沙区虽然仅占黄土高原水土流失面积 45 万 km² 的 10.6%，但每年输入黄河的粗沙约占黄河粗沙总量的 62%，是黄河中游主要粗沙来源区，多条黄河一级支流皇甫川、窟野河、十大孔兑（孔兑，蒙古语，指河谷）等皆发源于此[52,53]。剧烈的水土流失，严重恶化了砒砂岩区的生态和农牧业生产环境，使本区域整体呈现出植被稀疏、基岩裸露、千沟万壑、沙丘散布的荒漠化景观[54]。

1.4.2 砒砂岩的定义及范围

砒砂岩是指古生代二叠纪、中生代三叠纪、侏罗纪和白垩纪的厚层砂岩，砂页岩和泥岩组成的互层。该地层为陆相碎屑岩系，上覆岩层厚度小、压力低，成岩程度低，极易遭受风化剥蚀，包括灰黄、灰白、紫红色等石英砂岩，灰、灰黄、灰紫色的沙质页岩，紫红色的泥岩、泥沙岩等。砒砂岩极易风化剥落，崩塌和遭受水流侵蚀，其范围集中在晋、陕、蒙接壤区，其分布表现为集中连片，除河曲、保德有零星分布外，主要分布在内蒙古的准格尔旗、伊金霍洛旗、东胜区、达拉特旗和陕西省神木、府谷六县（旗），黄河一级支流的皇甫川、窟野河和清水河流域。其范围是东起十里长川，与直接入黄的支流分水岭，西连东胜、达旗与杭锦旗的交界线，南到府谷县城并抵库布齐沙漠边缘，介于北纬 39°37′2″～40°11′48″，东经 109°4′30″～110°15′。具体界线是从府谷县向北，经马栅—大饭铺—壕赖沟，向西经盐店—白石头井—宿亥图沟，向南经泊色太庙—敏盖—布连—新街—中鸡—布尔台—西召—大路峁—墩则墕—青阳焉—高石崖—府谷县城，共涉及内蒙古、陕西省的 55 个乡（图 1-4）。砒砂岩区总面积 11 682 km²，其中完全裸露面积 6 264.8 km²，覆沙砒砂岩面积 2 622.6 km²，盖土砒砂岩面积 2 795.3 km²，由于该区地形破碎，坡陡流急，植被稀少，呈光山秃岭、千沟万壑之貌，被喻为"世界水土流失之最"，"地球癌症"之称。这种岩石的特点是无水干硬如石，遇水则软如泥，遇风则松散剥蚀。由于植物生长困难，当地群众形容这种岩石毒如砒霜，故称砒砂岩，其学名称泥质岩[55]。

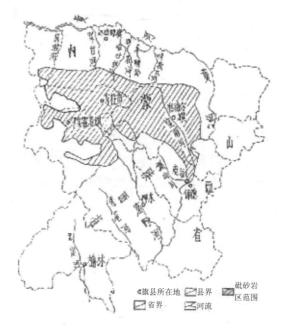

图 1-4　晋陕蒙接壤区砒砂岩分布区域位置

砒砂岩区面积占河龙区间总面积的 12%，占黄河多沙粗沙区总面积的 15%。仅黄甫川和窟野河产沙量就达 1.8 亿 t，占河龙区间总产沙量的 16%，占基岩产沙区总产沙量的 34%；其中粗沙量 0.98 亿 t，占基岩产沙区粗沙总量的 47%，占河龙区间粗沙总量的 33%[56,57]。为此，弄清楚砒砂岩区的土壤侵蚀规律，寻找防止土壤侵蚀的新技术，便成为解决多沙粗沙核心区—砒砂岩区的燃眉之急。

1.4.3　沙棘柔性坝概念的提出

沙棘别名沙枣，醋溜溜，属于胡颓子科（Elaeanaceae）沙棘属（*Hippophae*）的落叶灌木或小乔木，包括 6 个种（柳叶沙棘、江孜沙棘、肋果沙棘、西藏沙棘、沙棘等）和属于沙棘种的 12 个亚种（如中国沙棘、云南沙棘、中亚沙棘、蒙古沙棘、俄罗斯沙棘等）[58,59]。沙棘是一类生命力极强的灌木或小乔木，雌雄异株，其地理分布很广，可在东经 2°～123°、北纬 27°～69°生长，跨越欧亚大陆温带地区。我国是沙棘属植物分布区面积最大，种类最多的国家，目前在山西、陕西、内蒙古、河北、甘肃、宁夏、辽宁、青海、四川、云南、贵州、新疆、西藏等 19个省和自治区都有分布，总面积达 1 800 万亩，约占全世界沙棘资源的 90%以上，其中绝大部分优良品种位于青藏高原和内蒙古高原，在海拔 600～5 000 m、年平均温度 4.7～15.6℃、降水量 250～800 mm 的范围内均有生长，在降水量 400～500 mm 的条件下生长良好，可耐地表最低温度–50℃和最高温度 60℃[59]。沙棘能在瘠薄、盐碱、极低温的恶劣环境中茁壮成长，其根系庞大、枝叶繁茂，具有巨大的防风固沙、绿化山川、防止水土流失等作用，是一种优秀的生态植物[60]。据中国科学院水保所李代琼[61]1975—2002 年近 28 年的研究后认为沙棘具有良好的水土保持作用。因为沙棘具有发达的水平和垂直根系，水平根幅为 2～4 m，最长达 6～10 m。其主、侧根主要分布于近地表 10～60 cm 的土层内；垂直根系长 3～5 m，各级侧根主要分布在 40～200 cm 土层中，在侧根上生有大量的根瘤和根蘖芽。沙棘活性根在地表 1 m 土层及根系向下延伸达吸水层分布较多，这样增加了沙棘根的生命力。据李勇[62]测定，沙棘根系对土壤抗冲性有极明显的增强作用，当 8～12 龄沙棘林的有效根密度为 60 个/100 cm² 以上时，对于坡度小于等于 20°条件下的任何暴雨强度的径流冲刷均有明显的抑制作用，根系提高土壤抗冲性的强化值平均大于 1.65 s/g，根系土壤相对于无根系土壤的冲刷量减少值为 55%～88%；当有效根密度大于或等于 118 个每 100 cm² 时，根系对任何坡度下的任何暴雨强度的径流冲刷都具有显著的抑制作用，土壤抗冲性的强化值平均大于 2.34 s/g，根系土壤冲刷量减少值为 57%～88%。根系固土的有效深度在坡度为 15°、20°、30°时分别为 40 cm、30 cm、20 cm。沙棘根蘖性和侧枝萌芽力均强，一般 3 年生以上的沙棘，每年根可向周围扩展 1～2 cm，根蘖苗可达 20 株以上，在黄土高原荒沟、荒坡种植，只需有少量成苗即可发展成大片的沙棘林。沙棘生长 6～10 年平茬后，可从茬桩处发出大量萌条，同时从侧根萌蘖出大量幼株。沙棘及时平茬，可以复壮，这样可一次种植，长期利用[63]。

沙棘的灌丛茂密，根系发达，形成"地上一把伞，地面一条毯，地下一张网"在一些陡险坡面上，沙棘利用其串根萌蘖的特性，可将这些人不可及的地段绿化，特别是沙棘在沟底成林后，抗冲刷性强，而且它不怕沙埋，根蘖性强，能够阻拦洪水下泄、拦截泥沙、提高沟道侵蚀基准面。准格尔旗德胜西乡黑毛兔沟种植沙棘 7 年后，植被覆盖度达 61%，侵蚀模数由 3 万 t/（km²·a）减少为 0.5万 t/（km²·a），黄土高原虽有千沟万壑，沙棘却有极强的生命力和快速的繁殖能力，实践证明，是治理沟壑的有效武器[64]。

1995 年，黄河上中游管理局和中国水利水电科学研究院联合立项，在内蒙古准格尔旗进行了沙棘治理沟道水土流失的示范工程。毕慈芬高工和李桂芬教授首先提出以沙棘"柔性坝"来攻克被人们称为"地球上的月球"的砒砂岩地区水土流失的新构想。水保专家毕慈芬等[65,66]根据在内蒙古准格尔旗的西召沟利用沙棘治理砒砂岩地区水土流失多年的研究与实践，针对砒砂岩地区产流输沙特点，按照"以柔克柔"（针对松散颗粒构成的谷坡）和"以柔消能"（针对沟壑的暴雨股流）的思路，根据沙棘耐旱，根、枝、叶均能不断迅速呈簇状生长，淤埋以后的枝可生新的横根等植物学特性，提出来一种新型防止沟道小流域土壤侵蚀的生物工程——沙棘植物柔性坝。这种植物柔性坝是优选 2～4 龄生沙棘苗，在支、毛沟（黄河的 4、5 级支沟）内，按一定株距和行距垂直于水流方向交错种植若干行，利用沙棘的枝干撞击、分散股流，达到消能的作用，使水流的行进流速小于泥沙的启动流速，从而拦截暴雨洪水携带的大量泥沙，增加地表水入渗，以改变沟壑的输水输沙及沟道土壤水分特性，达到拦沙保水、改善区域生态环境的目的。毕慈芬等把这种按一定株距和行距垂直于水流方向交错种植的若干行沙棘体称为沙棘植物柔性坝。沙棘植物柔性坝提出的理论基础是遵循最大限度地加大沟壑的粗糙度的原则，有足够的植物干枝最大限度地平削暴雨形成的股流，分散平化为漫流，足以使水流的行进流速小于对床面的冲刷流速和沟谷壁的淘刷流速，减弱水流的剪切应力，使水流的行进流速小于泥沙的启动流速，将泥沙就近拦截在沟壑中。植物柔性坝使水流受阻，行进流速减小，植物干、枝和叶形成的群体壅水可使"柔性坝"在不同部位形成壅水淤积。当洪水低于植株高度时，则水流从植株缝隙穿过；当洪水位高于植株高度时，则水流从植株溢流，而且沉积后的植物还能不断地往高生长，被泥沙淤埋后的枝干还能再生出新的横根，横根上还能萌发新的根蘖苗，这种生长过程具有可持续发展的特殊性能。

1.5　沙棘柔性坝及其技术体系的研究意义

随着时间的推移，现有淤地坝蓄水拦沙作用将逐渐衰减，据对清涧河流域水土保持减洪减沙效果分析，包括淤地坝在内的各种水土保持措施面积都是逐渐增加的，但坝地拦沙量则不断减少。水库及淤地坝蓄水拦沙作用降低的主要原因有三方面：一是水库、淤地坝有效库容淤损严重，二是淤地坝渗漏、水毁垮坝严重，三是水库、淤地坝坝体加高和筑坝材料的选择不易解决。根据调查，目前，多沙粗沙区水库淤损率已达 35%以上，不少水库已淤满报废[53,56]。

开展植物柔性坝及其技术体系的研究具有以下重要意义：①可把粗泥沙就近拦截在千沟万壑之中，不必经过长途输送至黄河下游；②用沙棘作为砒砂地区沟道植物柔性坝的主要框架材料，具有拦沙、泄流、削峰、缓洪、溢流、抬高侵蚀基准、生态恢复等多功能于一体的特殊功能；③能形成自繁植物"柔性坝"，淤满后的坝体不用再加高，由于沙棘淤埋后根瘤能继续繁殖生长，柔性坝可以自然生长加高，从而持续起拦沙、缓洪作用，可为坡面治理争取时间；④柔性坝是砒砂岩地区沟道坝系工程建设的基础和主要组成部分；不仅起到一级拦沙作用，而且可为骨干坝减少淤沙库容，使主沟的骨干坝部分或全部形成蓄水水库而参与调水调沙，丰富了以小流域为单元的水土保持沟道综合治理技术；⑤黄土高原有数以万计的淤地坝，已经淤满，亟待解决如何加高、延长使用寿命问题，柔性坝的试验研究可以作为延长现有淤地坝寿命的一种经济有效的措施；⑥沙棘可以作为砒砂岩地区乃至整个黄土高原干旱半干旱地区植物柔性坝的最廉价的筑坝材料；⑦据对准格尔旗裸露砒砂岩区的测定：坡耕地每年因水土流失损失表土层 1.6 cm，严重地区达 2～3 cm，致使粮食产量很低，每亩徘徊在 20～30 kg，而植物柔性坝可以加速该区的生态恢复，可改善群众生产生活条件，还可为创造生态经济型复合农牧业打好基础；⑧植物柔性坝与谷坊配置联合运用，不仅可以防止泥沙不出沟，而且还能把暴雨洪水携带的泥沙进行天然分选，即粗沙被拦截在柔性坝体和坝上游，细沙淤积在刚性谷坊中，这不仅为发展沟头林业和沟坡农业打下良好的基础，而且也可以实现水沙分治，形成一种可持续发展的砒砂岩地区支、毛沟治理的典型新模式。

利用沙棘柔性坝治理砒砂岩区的特点是快速廉价、简便易推广，是将砒砂岩区生态与刚性工程结为一体，治理支毛沟、拦沙保水保土的好方法，是一项治理砒砂区的应用基础研究，因而对沙棘柔性坝及其坝系工程技术体系、砒砂岩区小流域水土保持综合治理技术模式等展开研究，可为沙棘柔性坝的推广应用提供理论依据，为沙棘柔性坝的栽植提供技术支撑，具有重要的理论与实际应用价值。

1.6　主要研究内容

前已述及，砒砂岩区是黄河中下游粗泥沙的主要来源区之一，是最集中的碎屑基岩产沙区，因此对该区域的水土流失特征及其综合治理技术模式等展开研究具有重要意义。

本书主要内容包括：①砒砂岩区的自然地理基本特征与社会经济概况；②砒砂岩区的自然环境与土壤侵蚀特征；③砒砂岩区的产流输沙特征及输沙机理分析

等；④沙棘柔性坝对水流特性的影响及阻滞作用分析，包括沙棘植物对水流水深与流速的影响、沙棘植物对水流的阻力构成及沙棘植物对水流的阻滞作用及机理分析等；⑤沙棘柔性坝的基本生态效应分析，包括沙棘柔性坝对砒砂岩沟道内土壤水分的影响及对沟道内土壤的改良效应等；⑥沙棘柔性坝坝系工程技术体系的构成以及砒砂岩区小流域综合水土保持治理技术模式的构建等；⑦沙棘柔性坝在小流域沟道治理中的应用与实践，主要包括沙棘柔性坝技术体系及其小流域沟道综合治理技术模式在砒砂岩区典型沟道的应用及其效果等。

2 砒砂岩区自然地理与社会经济概况

2.1 自然地理概况

2.1.1 区域分布概况

砒砂岩的分布主要是指以砒砂岩为基底且大面积出露，其上有第三纪红土、第四纪黄土和风积沙片状覆盖以及彼此相间分布的区域。砒砂岩区集中分布在黄土高原北部晋、陕、蒙接壤地区的鄂尔多斯高原，在内蒙古自治区鄂尔多斯市的东胜区、准格尔旗、伊金霍洛旗、达拉特旗、杭锦旗以及在陕西省的神木、府谷两县；在山西省的河曲、保德两县和清水河县也有零星分布。砒砂岩区主要分布在黄河"几"字弯东南部呈"品"字形分布的三个区（片），从黄河中游多沙区域内的流域分布来看，主要分布在皇甫川、清水川、孤山川、窟野河、秃尾河和佳芦河等流域。在各主要直接入黄支流的分布面积以窟野河和皇甫川面积最大，其次为孤山川、清水川、浑河，还约有 1/3 面积的砒砂岩分布在内蒙古十大孔兑及其他直接入黄支沟。皇甫川、孤山川、清水川几乎全流域都分布在砒砂岩区，窟野河在神木县以上基本全部分布在砒砂岩区。

砒砂岩区按覆土程度可大致分为三大类型区[53,55,67]，即裸露砒砂岩区、覆土砒砂岩区、覆沙砒砂岩区，总面积约 1.67 万 km^2。

裸露砒砂岩区：砒砂岩直接见于地表，上面无黄土、风沙土覆盖或覆土（沙）极薄（0.1～1.5 m）。凡是此类砒砂岩出露面积占总面积 70%以上的区域，即为裸露砒砂岩区。裸露砒砂岩区地貌多呈岗状丘陵，沟壑密度平均为 5～7 km/km^2，植被稀少、覆盖度极低，上覆薄层的黄土或浮沙（一般为 10～150 cm），基岩大面积裸露。侵蚀模数 2.1 万 t/（km^2·a）左右，以水蚀为主，复合侵蚀严重。砒砂岩不仅在沟谷中出露，而且在坡面上出露。岩性为砾岩、砂岩及泥岩，交错层理发育，颜色混杂，有棕红色、紫红色、黄绿色、白色、灰白色，风蚀与水蚀都很严重，其沟谷水系大部分地区呈现肉红色、浅紫色[67]。

覆土区砒砂岩区：砒砂岩掩埋于各种黄土地貌之下。砒砂岩作为黄土沉积前的一种凸凹不平的古地形，代表了黄土沉积前的整个沉积间断，其本身就是一种风化剥蚀面，呈波状面分布。在沟谷中表现为"黄土戴帽，砒砂岩穿裙"的特殊的地貌景观。黄土覆盖一般大于 1.5 m，凡是此类砒砂岩分布且砒砂岩出露面积达30%以上的区域，称为覆土砒砂岩区。覆土砒砂岩区地貌多呈黄土丘陵沟壑，植被覆盖较裸露区好，上覆黄土或浮沙，黄土层从几米到几十米不等，梁峁顶部分布较厚，沿坡从上到下逐渐变薄，沟壑密度在 3～6 km/km²。除部分梁峁和缓坡地为耕地外，多为天然草场，植被覆盖度为20%左右，侵蚀模数 1.5 万 t/（km²·a），属剧烈侵蚀区，以水蚀为主，水蚀、风蚀和重力侵蚀交替发生。砒砂岩主要在沟缘线以下的沟谷中出露，而且切割很深，呈典型的"V"字形沟道，坡度在 35°以上。岩性为砂岩及泥岩，层理发育，但每一种颜色的砒砂岩分布厚度较大，颜色有紫红色、黄绿色、粉红色、棕红色、灰白色等多种颜色。与裸露区相比，覆土区植被较好，沟谷水系发育良好。

覆沙区砒砂岩区：由于受库布齐沙漠和毛乌素沙地风沙的影响，鄂尔多斯高原上的丘陵及梁地砒砂岩掩埋于风沙之下，或形成部分沙丘、薄层（10～30 m）沙和砒砂岩相间分布，或形成"风沙戴帽，砒砂岩穿裙"的地貌景观，凡有此类砒砂岩分布且出露面积达30%以上的区域，称为覆沙砒砂岩区。平均沟壑密度为1～3 km/km²，地表沙化严重，侵蚀模数 0.8 万 t/（km²·a），以风蚀为主，呈现出风、水蚀复合侵蚀的景观。覆沙区与裸露区及覆土区的区别就是地表黄土覆盖薄且有浮沙覆盖，地表水系不发育。岩性主要为泥岩、含砾砂岩、页岩及长石砂岩，具有胶结疏散的特征。

砒砂岩区分布见图 2-1。

在砒砂岩区，若按砒砂岩的出露程度划分，以小流域为基本单元，则可划分为三种砒砂岩出露类型：一是在坡面和沟谷都有砒砂岩大部分出露的小流域；二是在坡面主要覆盖黄土、红土或沙土，砒砂岩部分片状出露，但在沟谷砒砂岩整体出露的小流域；三是坡面覆盖有黄土、风沙土等，砒砂岩仅在沟谷出露的小流域。砒砂岩集中分布的准格尔旗，主要是以坡面和沟谷集中出露的小流域为主。

从砒砂岩分布的行政区域上看，砒砂岩主要集中分布在鄂尔多斯市东胜区东部的准格尔旗境内。准格尔旗境内的砒砂岩主要分布于其西部，总面积约5 915 km²，占全旗总面积的76.9%，其中严重裸露砒砂岩面积915 km²、潜在砒砂岩面积 5 000 多 km²。该区域沟道比降大、暴雨集中、寸草不生，砒砂岩不仅在沟谷中出露，而且在坡面上出露，造成该区域侵蚀严重，多年平均土壤侵蚀模数高达 30 000 t/（km²·a），粒径大于 0.05 mm 的粗沙占 80%，是黄河流域粗沙主要来源区之一。平均每年向黄河输送泥沙高达 1 亿 t 以上，约占黄河上游地区年入黄河泥沙总量的 1/16，多沙粗沙量占入河粗沙总量的 1/5，是黄河下游河床淤积抬高酿成洪水灾害的主要发源地之一。同时，砒砂岩区剧烈的水土流失，恶化了准格尔旗的生态和农牧业生产环境。使本区域整体呈现出植被稀疏、基岩裸露、千沟万壑、沙丘散布的荒漠化景观。土地生产力很低，农牧业经济落后，严重制约着准格尔旗社会经济的发展[54]。

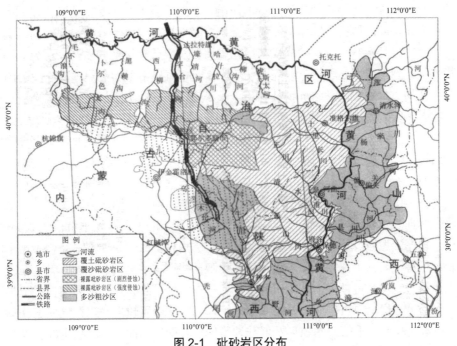

图 2-1 砒砂岩区分布

2.1.2 地质地貌概况

（1）地质概况

砒砂岩区在地质构造上属于华北地台鄂尔多斯台向斜的一部分，以中生代地层为主，岩层产状接近水平，地层垂直结构较为复杂，为一稳定结构。第四纪以来，以新构造上升运动为主，强烈的上升运动及其松散的特性是砒砂岩产生强烈侵蚀的主要内在原因。砒砂岩主要为鄂尔多斯盆地在中生代形成的地层中的砂岩（含砾质岩）、粉砂岩和泥岩等多种沉积岩，颜色以棕红色、灰白色、黄褐色等为主，主要出露于鄂尔多斯高原。从地质学角度来说，砒砂岩不是地质学上的专业术语，群众把它对地表植物的危害比作古代"砒霜"对动物的毒性，借鉴"砒霜"的谐音，当地群众俗称其为"砒砂岩"。

据地质资料[54,68]记载，砒砂岩区域在石炭纪以前基本为海洋区域。在该区域北部高头窑一带，有一东西走向的陆梁，由于该陆梁的阻隔，使海水未能到达集宁以西的大青山高地。自二叠纪海洋逐渐消失，地壳开始上升，分区由半封闭过渡为封闭的内陆盆地。这时气候炎热，沉积了陆相红色泥岩、碎屑岩。三叠纪早中期，内陆盆地开始下沉，气候更趋于干燥炎热，继续沉积巨厚的陆相红色泥岩与碎屑岩。到中三叠世末期，受印支期构造运动的影响，盆地一度上升，受短期风化侵蚀的影响，造成地层间的假整合和角度不整合接触。晚期地壳缓慢下降，气候转向湿润温暖，红色地层开始减少，开始沉积灰绿色碎屑岩及煤层有机性物质，表现为河湖相沉积特征。到了侏罗纪早期，地壳开始逐渐下沉，气候由干燥炎热逐渐转变为温暖湿润，植物大量繁盛，开始沉积灰绿色、灰黑色含煤细砂页岩地层。到早侏罗纪晚期，地壳又发展为震荡式下降，沉积盆地由东向西不断扩大，在丘陵地形上开始发育沼泽湖泊及河系，气候变得更为湿润温暖，植物更加繁盛。盆地北部下沉速度较南部缓慢，使早侏罗纪地层覆盖于老地层之上。到了中晚侏罗纪早期，地壳相对上升，先前沉积的盆地又有所缩小，气候由暖湿向干热过渡，沉积物开始以红色泥岩为主。到了侏罗纪末期，受燕山地质构造运动影响，地壳不断上升，使盆地长期隆起，这时地表风化剥蚀开始严重。到了白垩纪早期，地壳又开始下沉，气候炎热，沉积了较厚的泥岩、粗碎屑岩、砂岩等，交错层垂直发育较为成熟，完全表现出河湖相沉积特征。到了早白垩纪末期，受燕山晚期构造运动影响，地壳上升，在晚白垩纪至第三纪中新世期间，盆地沉积较少，基本长期呈隆起状态，风化侵蚀更加明显。到了第三纪上新世，地壳开始慢慢下沉，气候变得比较干热，在气候变化影响下，在盆地高低不平的原始地形及低洼地带的河谷的侵蚀面上，沉积了红色泥岩黏土层。到了上新世末期，地壳在喜马拉雅山构造运动过程中开始形成高原地貌。到了第四纪时期，气候开始变化，从暖湿开始转向干冷，黄土、风成沙、古人类开始出现，基本形成现代地貌景观格局[68]。

砒砂岩由于在地质构造过程中各时期沉积环境的不同，地层间和地层内的岩层差异较大，岩层在垂直节理上形成鲜明的层理分布，从红色岩层到白色、绿色、黄褐色等层层交替分布的互层状态，这也反映了地质时期气候的干湿、冷暖交替的变化。

（2）地貌概况

1）宏观地貌

砒砂岩区的地貌主要以侵蚀引起的千沟万壑为特征。砒砂岩区位于鄂尔多斯高原的东南部，鄂尔多斯高原是一个经长期剥蚀夷平的准平原，地表广泛出露白垩纪砂岩、砾岩，海拔约 1 300～500 m，仅西部桌子山海拔超过 2 000 m。地形上，该区主要为一些低矮的平梁与宽阔的谷地相交错，起伏微缓。该区年降水量约380 mm，近年来有增加的趋势。干燥度 1.6～2.0，属温带干草原景观；有沙柳、乌柳等自然植被。如前所述，按照地表覆盖物的不同，砒砂岩地区一般可分为裸露砒砂岩区、覆沙砒砂区、覆土砒砂区三个类型区。裸露砒砂岩区：地貌多呈岗状丘陵，沟壑密布，植被稀少，砒砂岩不仅在沟谷中出露，而且在坡面上出露。覆土砒砂岩区：砒砂岩掩埋于各种黄土地貌之下，在沟谷中表现为"黄土戴帽，砒砂岩穿裙"的特殊地貌景观。覆沙砒砂区：由于受库布齐沙漠和毛乌素沙地风沙的影响，鄂尔多斯高原上的丘陵及梁地砒砂岩掩埋于风沙之下，或形成部分沙丘及薄层沙和砒砂岩相间分布，或形成"风沙戴帽，砒砂岩穿裙"的地貌景观。

砒砂岩区地处鄂尔多斯高原，黄河在此环抱于高原的东北西三面，即俗称的黄河"几"字弯。砒砂岩区主要位于黄河中"几"字弯的东南部，由于地表侵蚀，全区地貌差异较大。西端位于杭锦旗—东胜区一线高原屋脊，海拔高度达 1 500 m，向东南呈扇状辐射分布在高原向南斜坡，东南端抵黄河北干流上游，海拔降到1 000 m，东西高差达到约 500 m。总体上，西北部为低丘陵地貌，东南部为高丘陵地貌，最东部黄河西岸呈低山地貌。砒砂岩区内东南坡发育了皇甫川、孤山川、窟野河与秃尾河和佳芦河等黄河中游多沙粗沙一级支流，西北坡发育了穿越库布齐沙漠流入黄河的多条支流，俗称"十大孔兑"。区内由于流域水流切割及多种侵蚀营力作用，地表异常破碎，形成以千沟万壑为特点的沟壑丘陵地貌。

一般地，流域由流域内各级支流小流域组成，具有小流域地貌特征。从流域地貌组成单元看，砒砂岩区主要由区内的小流域沟道地貌单元构成，小流域一般指从几平方公里到十几平方公里的流域。金争平[54]曾根据区内砒砂岩、黄土（红土）和风沙土三类物质在区内分布的多少，将砒砂岩区内的小流域划分为 3 种类型，分别为：①砒砂岩为主的小流域，这类流域以坡面和沟道砒砂岩均大部分裸露为特征；②以黄土或红土为主的小流域，这类流域以坡面覆盖黄土或红土，沟道裸露砒砂岩为特征；③以风积沙为主的小流域，这类流域以坡面覆盖风积沙为主，仅在沟道部分裸露砒砂岩为特征。据金争平调查，在皇甫川流域，以前两种类型小流域分布居多。这三种小流域在区内又具有不同的沟头和沟岸侵蚀扩张特征。砒砂岩小流域内沟头溯源侵蚀和沟岸侵蚀扩张均较强，且沟岸侵蚀扩张强度大于沟头溯源侵蚀强度；以黄土或红土为主的小流域是沟头溯源侵蚀强于沟岸扩张侵蚀；以风沙土为主的小流域沟头与沟岸侵蚀强度均弱于以砒砂岩为主的和以黄土或红土为主的小流域。

沟壑密度和地面坡度是表达地形地貌的两个重要指标。研究表明，在一定的坡度范围内，当降雨或径流量相近时，土壤侵蚀量大小与坡度大小基本成正比；而沟壑密度决定着沟壑发育和地形破碎的程度，沟壑密度越大，则沟壑越发育，地形越破碎，重力侵蚀的特征越明显，水土流失程度越严重。据调查，皇甫川、孤山川、窟野河与秃尾河等流域内有 3 km² 以上的沟道就多达 1 500 条，是该区水土流失异常严重的 4 条支流。砒砂岩区属于黄土丘陵沟壑一副区，是黄土高原水土流失最为严重的地带，区域干旱，地形破碎，千沟万壑，坡陡沟深，岩土松散，暴雨集中，风暴频繁，植被稀少，生态环境十分脆弱，是我国自然条件恶劣的地区之一。地表以岇状丘陵、破碎地形为特征，沟壑密度达 3～7 km/km²，地面坡度<5°的约占 9%，5°～15°的约占 7%，15°～25°的约占 16%，大于 25°的约占 68%，林草覆盖率占 10%～15%，水土流失以沟蚀和面蚀为主。

2）砒砂岩区内主要水系（河川）地貌

砒砂岩区内的水系（河川）包括皇甫川、孤山川、窟野河、秃尾河，砒砂岩区域面积也主要分布在这些水系（河川）流域上，在此对砒砂岩区内的主要水系（河川）地貌作一简要介绍。

皇甫川流域地质构造属于鄂尔多斯地台凹陷的边缘部分。燕山运动和喜山运动使地台隆起成拱状高原，流域正处于高原的东南斜坡上，中上游地区处于白于山至东胜的第四纪抬升中心，近期抬升约 20 mm/a，从而导致流域中上游一带沟谷下切，溯源侵蚀特别强烈。皇甫川流域地形特点是沟深、梁大，地形起伏较缓，呈东南倾向，上游分水岭高地与下游河流出口处落差 520 m。沟间地形似倒扣着的船状，坡面侵蚀比较强烈，沟深一般 40～50 m，有的超过 100 m，沟坡多由基岩组成。流水除具有冲蚀作用外，还具有一定的淘蚀作用，从而引起崩塌，沟蚀和重力侵蚀竞相发展。坡度组成情况可以看出 36°～55°的坡度占 48.19%，比例最大分布于谷坡；沟间地比较平缓，15°以下占 26.87%，另有 11.88%的陡崖是基岩崩塌的直接产物，中上游这种特征更为明显。

孤山川流域位于陕北黄土高原与鄂尔多斯高原接壤地带，发源于内蒙古准格尔旗乌日高勒乡，流经准格尔旗和陕西府谷两县，在府谷县境内汇入黄河，是黄河中游主要多沙粗沙支流之一。孤山川全长 79.4 km，河道平均比降 5.4%，流域面积 1 276.52 km²，其中内蒙古准格尔旗境内面积 256 km²，陕西府谷县境内面积 1 020.5 km²。孤山川流域地貌类型以黄土丘陵沟壑地貌为主，上游有少部分盖沙区，下游沿黄河谷一带为基岩沟谷丘陵区。

窟野河发源于内蒙古南部鄂尔多斯市沙漠地区，又称乌兰木伦河，最大支流悖牛川河源于鄂尔多斯市东胜县内，两河在陕西神木县城以北的房子塔相汇合，下游流域称为窟野河，是黄河的主要一级支流。窟野河从西北流向东南，于神木县沙峁头村注入黄河。全河长 242.0 km，流域面积 8 706.0 km²，河道比降 3.44‰。陕西境内河长 159.0 km，流域面积 4 865.7 km²，河道比降 4.28‰。窟野河流域位于鄂尔多斯台地向斜东缘间歇性缓慢抬升地区，是黄土高原与毛乌素沙地的过渡地带。窟野河流域地势西北高、东南低，神木县城以上为沙丘和流沙覆盖区，地处毛乌素沙漠的东南边缘，地面平坦，波状起伏，沟壑纵横，组成了西北部风沙丘陵、东北部砾质丘陵和南部黄土丘陵 3 大地貌类型。全流域地表组成物质主要是黄土、风积沙、砾石和岩石碎屑等。神木县城以下为黄土丘陵沟壑区，黄土覆盖，地面破碎，为沟谷纵横的梁峁地形，植被缺乏，水土流失极为严重。河口段为土石山区，河流切割基岩，坡陡岸高，支流短少。河谷中一般有三级阶地，一级阶地高出河床 1～5 m，为冲积沙、沙质黏土组成的堆积阶地；二级阶地高出河床 10～20 m，为基座阶地，残存于局部地方；三级阶地高出河床 40～50 m，为剥蚀阶地。

秃尾河位于陕西境内，源于神木县瑶镇西北的公泊海子，起初称为公泊沟，与圪丑沟汇流后称为秃尾河，其下游为神木与榆林、佳县的界河，在佳县武家峁附近注入黄河。全长 140.0 km，流域面积 3 294.0 km²。秃尾河河道可分为 4 段：河源至枣稍沟段，主要流经沙漠区，秃尾河于佳县入黄河处，河道比降较小，其中圪丑沟以上比降为 3.47‰。枣梢沟至高家堡段，沿岸多沙丘和黄土，河床不定，水流分散，地形类似一个小盆地，河漫滩及一级阶地发育。高家堡至红花渠段，以砂岸为主，部分河段切入基岩 40～60 m，一束一放的形式比较明显，为宽缓平直河道与曲流岩岸的过渡河段。红花渠至河口段，以岩岸为主，河谷深切，河道变窄，曲流发育，河漫滩及阶地不发育。秃尾河水系结构简单，呈树枝状展布，且西南岸支流较发育[69]。

2.1.3 岩性与土壤特征

2.1.3.1 岩性特征

砒砂岩区是黄河中游多沙粗沙区粗泥沙的集中来源区域，其产粗沙与其地层构成特征有密切关系。砒砂岩区地处鄂尔多斯高原，是在喜马拉雅山造山运动过程中隆起的拱状高原，其地层垂直结构较为复杂，颗粒级配较粗，是产生粗颗粒泥沙的本质原因。该区产粗沙地层主要由第四纪黄土、前第三纪基岩和第三纪红土组成[54,70]。

（1）黄土

黄土及黄土状沉积母质，广泛分布在秦岭以北至陕北长城沿线以南地区，它是第四纪陆相的特殊沉积物，具有风积、洪积、冲积等多种成因类型。黄土分为新黄土、老黄土和古黄土三种，其厚度达 100 m 以上，一般上部为黄色的新黄土（马兰黄土），下部为具有"红色条带状的老黄土（离石黄土）和红色的古黄土（午城黄土）"。新黄土组成物质比较均一，粉粒为主，黄色，具石灰反应；老黄土有多层红色黏层，为埋藏的古土壤，是一些褐色、无石灰反应的黏化土层。砒砂岩区广泛分布的是新黄土，新黄土由于形成较晚，结构疏松，结持力弱，抗蚀力差，其中大于 0.05 mm 的粗沙所占比例较高，是主要的侵蚀产沙地层，其有机质含量低，易溶盐含量高，水稳性差，无土壤结构，抗蚀与抗剪强度低[70]。

（2）前第三纪基岩

前第三纪基岩在该区广泛分布且比较集中，主要分布在区域南部，在侵蚀沟谷中的沟床及沟谷坡脚最为明显。该区基岩产粗沙量较多的河流主要是黄甫川、窟野河、无定河与孤山川等。在这些流域内广泛分布着薄层砂岩或砂岩夹泥页岩，这些属于三叠纪、侏罗纪等地层，其性质极为破碎，物理风化强烈，粗粒含量多，相应对下游河道的粗泥沙贡献最大，属于易侵蚀岩类。由三叠纪地层进化来的砒砂岩多呈紫红色、紫灰色和黄绿色，由砂岩、长石砂岩、泥岩、沙泥岩、片岩及页岩等组成，属钙质和泥质胶结，质地疏松易于风化侵蚀。该区侏罗纪地层形成的砂岩主要以大量红暗色的泥岩、紫红色页岩为主要特征，大部分为富含交错层理发育的砂岩，在神木、府谷两县均有集中连片出露。白垩纪地层广泛分布于无定河和延河上游的一些支沟流域内，由红色长砂岩、暗紫红色砂岩、泥岩和沉积相的砾岩组成。这些地层的共同特征是垂直节理发育较为完整，以中生代的陆相碎屑岩为主，在冻融、风化等重力侵蚀与水力侵蚀作用下，极易侵蚀产生粗沙。

国内学者[71-74]对砒砂岩矿物成分的研究结果见表 2-1，不同颜色砒砂岩的矿物成分含量见表 2-2。

表 2-1　砒砂岩主要矿物成分组成　　　　　　　　单位：%

矿物成分	石英	钾长石	斜长石	方解石	白云石	钙蒙脱石	伊利石	高岭石
平均含量	48.50	8.50	3.50	11.50	1.83	18.40	3.30	1.95

注：资料来自文献[71-74]。

由表 2-1 可知，砒砂岩的主要矿物成分为石英、钙蒙脱石、钾长石和方解石，其他矿物成分含量较低。

从表 2-2 可知，对不同颜色的砒砂岩，主要矿物（石英、钾长石和钙蒙脱石）

含量差别不大；紫红灰白色砒砂岩主要矿物含量稍大于其他两种，且其不含高岭石。

表 2-2　不同颜色砒砂岩的矿物成分含量　　　　　　　　单位：%

颜色＼矿物成分	石英	钾长石	斜长石	方解石	白云石	钙蒙脱石	伊利石	高岭石
灰白色	50.5	10.9	1	11	1.8	20	3	2
紫红色	50.8	10.8	3.6	12	2	15.8	3.3	2.1
紫红灰白色	42.5	16.5	9	1	2	24	5	0

注：来自文献[75]。

（3）第三纪红土

第三纪红土在该区也广泛分布，主要分布在该区的支沟沟谷中，以红色黏土性泥岩为主，在皇甫川上游的纳林川集中连片出露，在其余地区也有零星分布，地层厚度从几米到几十米不等。第三纪红土层富含较多的钙结核，导水性较差，成岩性差，抗风化性能较弱，易于侵蚀溶化崩解，也是重要的产粗沙地层[70]。

2.1.3.2　成土母质及土壤类型

黄土高原的成土母质主要是来自第四纪沉积物，按照成因类型划分，这些沉积物包括：残积及残积-坡积物质、风积物、洪积-洪积物、河流冲积物等。砒砂岩地区的成土母质主要是风积物，包括砒砂岩、黄土和风积沙，在其上发育了不同类型的土壤[54,76]。

砒砂岩地区的地表覆盖物主要有砒砂岩、黄土和风积沙，也是该区主要的成土母质，在这些成土母质上发育的土壤类型主要有：栗钙土（以砒砂岩为母质），黄绵土（以黄土为母质），风沙土（以风积沙为母质）。风积母质主要指风沙和黄土沉积物，一般以流沙或黄沙形式覆盖在中生代基岩及第四纪沉积物质上。黄土及黄土状沉积母质，广泛分布该区东南区域，它属于第四纪陆相的特殊沉积物，具有风积、洪积、冲积等多种成因类型。黄土可分为新黄土、老黄土和古黄土，其厚度达 100 m 以上，上部为黄色的新黄土（又称马兰黄土），下部为具有老黄土（离石黄土）和红色的古黄土（午城黄土）。新黄土组成物质比较均一，粉粒为主，黄色，具石灰反应；老黄土土层中有多层红色黏层，为埋藏的古土壤，这是一些褐色、无石灰性反应的黏化土层和含由石灰质结核的淀积层组成的褐土剖面，层次一般多达数十层，形成所谓的"红色条带"[70,76]。

砒砂岩区广泛分布的是新黄土，黄土中富含矿物，成分主要有石英、长石、方解石、角闪石等，含有较多的二氧化硅、三氧化物（三氧化铝、三氧化铁、氧化钙等），如二氧化硅的平均含量达到 50%。另外，黄土的机械组成是决定黄土特性并影响成土过程的很重要的因素之一。黄土质地属于壤土，颗粒组成以粉粒为主，占机械组成的 50%～60%，黏粒和沙粒较少。砒砂岩区的地表覆盖物具有从西北向东南逐渐变细的趋势，且黄土中的黏粒含量约 9%，但是向南到陕北延安一带就增加到约 18%；沙粒含量在榆林的神木、府谷一带 30%～40%。风积沙的矿物组成大部分以石英、长石为主，暗色矿物较少，一般只有 15%～35%，主要分布在该区的秃尾河、孤山川和无定河等支流流域。另外，重力沉积、泥炭沉积、盐湖沉积等成岩作用，对该区土壤形成也有一定意义，但面积极小。

栗钙土、风沙土、黄绵土是砒砂岩区的主要土壤类型，但也有少量面积的其他土壤类型，包括新积土、潮土、粗骨土与石质土等[76]。在拱状隆生的鄂尔多斯高原大地貌和长期地质侵蚀的作用下，第三纪红土和第四纪黄土及风积沙在高原原脊和南北斜坡的上、中部沉积不多，砒砂岩大面积出露，在高原南北斜坡的中、下部，黄土、红土和风积沙的面积逐渐增大，同时厚度也逐渐增加[70]。在鄂尔多斯高原北坡的中、下部分布着库布齐沙漠（沙地），在高原南部的准格尔旗纳林至长滩一线的低洼地带和伊金霍洛旗毛乌素沙地北部，分布着大面积的沙带；黄土和红土主要分布在砒砂岩区的东南部，其中红土主要分布在准格尔旗的巴润哈岱乡、窑沟乡、魏家峁乡和西南部各乡的平缓山坡及川沟掌地带，栗钙土主要分布于准格尔旗东北区域[68]。据资料统计，砒砂岩区主要土壤类型分布面积见表 2-3。

表 2-3　砒砂岩区主要土壤类型分布面积统计

县（市）名	土壤类型及分布面积/10^4 hm^2				
	栗钙土	黄绵土	风沙（砂）土	红土	黑垆土
神木		26.22	29.29	0.41	1.71
府谷			0.94	0.13	0.07
东胜区	4.08	1.91	4.70		0.18
准格尔旗	1.73	21.03	23.56	2.22	2.34
伊金霍洛旗	1.17	1.97	39.34		0.57
达拉特旗	7.36	3.55	47.57		
合计	14.33	54.68	145.40	2.76	4.88

资料来源：黄土高原地区资源环境社会经济数据集，1992。

2.1.3.3　砒砂岩区土壤物理性质

（1）土壤质地

王保国[77]根据前苏联卡庆斯基土壤质地分类标准进行，即按物理性黏粒（粒径小于 0.01 mm）和物理性沙粒（粒径大于 0.01 mm）两级相对含量确定土壤质地名称，依据此标准，可将砒砂岩区土壤质地分为 5 类，见表2-4。从表中可知，砒砂岩区黏粒主要分布在丘陵间的凹地、沟谷，黄河河谷平原区分布较少。由于受库布齐沙漠和毛乌素沙漠的影响，沙土全区均有分布，壤土则在平地和河谷地分布较多。从成因看，沙土是砂岩、砂砾岩的风化物，经风力作用堆积而成，如流动风沙土。壤土是介于沙土和黏土之间的一种土壤，如固定风沙土、黏土是由发育在泥岩残积坡上的土壤或冲积-沉积黏质形成的。

表 2-4　砒砂岩区土壤质地分类

质地类型	粒径<0.01 mm 的比例/%	主要土壤类型
沙土	<10	风沙土、粗骨土
沙壤土	10～20	绵沙、沙黑垆土
轻壤土	20～30	黄绵土、栗钙土
中壤土	30～40	红土、紫色土
黏土	>40	

（2）土壤结构

砒砂岩区的土壤多以粒状、片状和块状结构存在，而有机-无机复合团聚形态的团粒较少。沙质土多见无结构和粒状结构；壤质土多见碎块状和块状结构；黏质土多见块状和片块结构，见表2-5。

表 2-5　砒砂岩区不同类型土壤特征

土类	取样深/cm	颜色	结构	质地	松紧	地点
栗钙土	0～27	红褐色	单粒	沙土	松	准旗海子塔
风沙土	0～100	黄	单粒	沙土	松	准格尔旗长滩
黄土性土	0～20	黄	单粒	沙壤	松	府谷清水
红土性土	0～15	棕红	单粒	沙土	松	府谷清水
紫色土	0～15	灰	单粒	砂岩	松	神木万镇

（3）砒砂岩及主要土壤类型的粒度特征

岩土的机械组成决定了岩土颗粒的粗细程度，这与岩土的物理性质与化学性质有密切关系。砒砂岩、黄土与风沙土的颗粒级配见表2-6。

表2-6 砒砂岩、黄土与风沙土的颗粒级配

单位：%

砒砂岩/土壤	颗粒级配组成/mm							中值粒径	分选系数
	>2	2~1	1~0.5	0.5~0.25	0.25~0.1	0.1~0.05	<0.05		
砒砂岩	5.25	6.26	22.61	23.52	24.41	13.12	4.82	0.30	5.08
黄土			1.50	2.50	12.00	27.00	57.00	0.04	2.08
风沙土			1.80	45.70	32.80	14.20	5.50	0.25	1.66

注：分选系数按 $\Phi = (Q_3/Q_1)^{(1/2)}$，其中，Q_1 为第一分位数；Q_3 为第三分位数。

一般地，中值粒径可大致表征颗粒级配整体的粗细程度，但两种沉积物可能具有同一中值粒径，其一粗细颗粒可能离中值甚远，而另一个粗细颗粒可能都集中在中值附近。所以采用分选系数可弥补中值粒径不能全面描述颗粒粗细程度的情况。由表2-6可知，砒砂岩区三大类岩土的不同特征：①砒砂岩颗粒是最粗的，且分选程度不好，颗粒级配很不均匀；其次是风沙土，中值粒径达到了 0.25 mm，但其分选程度较好；黄土的粒径最细，中值粒径仅达到了 0.04 mm，分选程度略好些。②砒砂岩粒径大于 0.05 mm 的粗颗粒达 95%，因此砒砂岩是该区洪水泥沙中粗泥沙的主要来源。③风沙土粒径大于 0.05 mm 的粗颗粒也达到了近 95%，中值粒径达到了 0.25 mm，比砒砂岩的中值粒径略小些，说明风沙土也是该区洪水泥沙中粗泥沙的主要来源。

表2-7是试验区 2005 年 5 月东一支沟小流域主沟上游沟道表层 0~30 cm 土层的土壤物理性质。

表2-7 东一支沟道土壤物理性质（0~30 cm）

项目 位置	田间 含水率/%	密度/ (kg/m³)	比重	孔隙率/ %	渗透系数	有机质/ %
0#	29.01	1.15	2.65	128.69	0.000 054	6.65
1#	10.32	1.36	2.64	93.90	0.000 671	5.66
2#	16.06	1.25	2.62	111.75	0.000 196	6.94
5#	10.46	1.33	2.65	97.79	0.000 235	6.85
对比沟	12.86	1.36	2.70	97.21	0.000 418	3.57

颗粒级配/%						
位置	粒径/mm					
	5	2	1	0.5	0.25	0.1	0.05
0#	100.00	99.73	98.52	88.94	70.37	47.27	13.39

位置	粒径/mm						
	5	2	1	0.5	0.25	0.1	0.05
1#	99.88	98.15	96.76	66.68	24.73	5.55	1.20
2#	99.94	99.27	98.50	82.51	53.81	17.40	4.46
5#	100.00	99.56	99.13	90.11	55.52	14.64	2.39
对比沟	99.85	95.14	90.06	73.73	52.14	23.40	5.45

2.1.3.4　砒砂岩及区内不同土壤类型化学性质

（1）不同类型土壤主要化学元素组成

石迎春等[75]对砒砂岩的化学元素进行了测定，见表 2-8。

表 2-8　砒砂岩的主要化学元素　　　　单位：%

元素	SiO_2	Al_2O_3	Fe_2O_3	FeO	MgO	CaO	Na_2O	K_2O	H_2O	CO_2	TiO_2	P_2O_5	MnO	SO_3
含量	76.8	10.6	1.57	1.69	1.27	0.63	0.88	2.90	2.9	0.23	0.67	0.07	0.02	0.02

从表 2-8 可看出，砒砂岩的化学成分在总体上虽然比较稳定（稳定组分 SiO_2 质量分数为 76.8%，如 Al_2O_3 质量分数为 10.6%，Fe_2O_3 为 1.57%，总的质量分数超过 89%），但砒砂岩里面的不稳定组分 Na_2O、K_2O、CaO 占总化学成分的 4.41%，含 1.57%，总的质量分数超过 89%），石迎春等[75]认为岩石性质活泼与否是由不稳定组分来决定的，而砒砂岩里面的不稳定组分 Na_2O、K_2O、CaO 占总化学成分的 4.41%，含量虽然远远不及稳定组分，但它们异常活泼，极易发生化学变化，因此也容易导致岩体结构的破坏，使岩体抵抗侵蚀的能力减弱。

（2）砒砂岩与黄土及风积沙的主要化学元素对比

金争平[54]对砒砂岩、黄土、风积沙的主要化学元素组成进行了对比，见表 2-9。

表 2-9　砒砂岩、黄土、风积沙的主要化学元素组成　　　　单位：%

化学元素	SiO_2	TiO_2	Al_2O_3	FeO	MnO	MgO	CaO	Na_2O	K_2O
灰白色砒砂岩	72.89	0.195	9.75	2.82	0.1	0.95	3.33	1.47	3.23
粉白色砒砂岩	69.87	0.198	9.0	2.76	0.31	0.94	5.7	1.35	3
棕红色砒砂岩	64.67	1.33	12.83	10.12	0.08	1.97	1.64	1.15	3
黄土	45.52	0.41	11.63	4.35	0.18	2.58	8.4	1.81	1.94
风沙土	78.05	0.51	11.84	2.64	0.05	1.06	2.08	—	2.16

从表 2-9 可看出，砒砂岩中的 SiO_2 含量显著高于黄土，略低于风沙土；砒砂

岩中 Al_2O_3 的含量低于黄土和风沙土，棕红色砒砂岩中 FeO 的含量最高，是灰白色和粉白色砒砂岩中含量的近乎 5 倍，也显著高于黄土和风沙土，但是灰白色和粉白色砒砂岩的含量平均值低于黄土，而与风沙土相当；三种颜色砒砂岩中的 CaO 含量显著低于黄土，灰白色、粉白色砒砂岩略高于风沙土；砒砂岩中 Na_2O 的含量略低于黄土；而 K_2O 的含量高于黄土和风沙土；砒砂岩中 MgO 的含量显著低于黄土灰白色、粉白色砒砂岩低于风沙土。植物所需的营养元素 K、Na、Ca、Mg 元素含量，砒砂岩除了 K 元素含量略高于黄土和风沙土以外，其他元素含量均低于黄土和风沙土，这也说明植物在砒砂岩中生长比在黄土中困难。

（3）砒砂岩区域内不同类型土壤养分含量

砒砂岩区域内不同类型土壤养分含量差异较大，见表2-10。

表 2-10　不同土壤类型养分含量

土壤类型	样地	有机质含量/%	全氮/%	全磷/%	全钾/%
栗钙土	伊金霍洛旗红海子	0.91	0.075	0.074	1.53
风沙土	准格尔旗纳林川	0.61	0.053	0.066	2.21
黄土	准格尔旗海子塔	0.32	0.028	0.174	2.22
红土	府谷清水	0.35	0.031	0.102	2.04
紫色土	府谷清水	0.24	0.026	0.083	2.54
灰褐土	偏关城关镇	0.80	0.047	0.137	2.07

由表2-10可见，砒砂岩区内不同样地不同土壤类型的土壤养分含量差异较大，有机质含量中，栗钙土高于风沙土，风沙土高于黄土，黄土与红土相当，灰褐土的土壤养分含量较高。全氮含量次序是栗钙土高于风沙土，风沙土高于黄土，黄土全氮含量最小，栗钙土含量最高；但是黄土的全磷含量最高，风沙土的全磷含量最小；全钾含量，府谷清水的紫色土最高，栗钙土全钾含量最小。造成区域内不同地域不同土壤类型养分含量差异较大的原因一是与土壤分布区域有关，二是与成土过程及土壤类型有关。王保国[77]通过对砒砂岩分布区所采土样分析，发现有机质含量平均值为 0.503 8%，最大值为 2.39%，最小值仅为 0.002 3%；全磷含量平均值为 0.119 2%，最大值为 2.4%，最小值为 0.035 0%；全氮含量平均值为 0.040 7%，最大值为 0.125 0%，最小值仅为 0.001%；全钾含量平均值为 1.92%，最大值为 2.76%，最小值为 1.05%。

（4）砒砂岩区不同地域耕层土壤养分含量及其空间变化

砒砂岩区不同地域耕层土壤养分含量及其空间变化见表2-11。

表 2-11 砒砂岩区各县（旗）耕层土壤养分

县（旗）名称	有机质含量/%	全氮/%	速效磷/10^{-6}	速效钾/10^{-6}
达拉特旗	0.584 5	0.032 1	5	135
准格尔旗	0.486 4	0.036 3	3	75
伊金霍洛旗	0.557 5	0.035 9	7	81
东胜区	0.451 7	0.025 8	2	51
府谷县	0.563 7	0.040 3	5.4	73
偏关县	0.703 5	0.060 0	4	65
河曲县	0.410 0	0.038 0	4.7	69
保德县	0.548 2	0.035 0	5.2	83

据调查分析，发育于沉积物母质上的土壤，黏质沉积物多，有机质、细土粒和各类养分含量较高；丘陵区河谷阶地、河漫滩上的土壤是在混积物上发育形成的。黏质沉积物和沙质沉积物相间或相混合，各类养分含量较低；丘陵顶部、坡部的土壤是发育于残积物或坡积物母质，沙质沉积物多为石英，养分含量低；发育在风积物母质上的沙质沉积物多是沙粒，养分含量很低。各类土壤样品养分含量见表 2-11，从区域分布看，耕层有机质和全氮含量以偏关县最高，平均值分别为 0.703 5% 和 0.06%；东胜区较低，分别为 0.451 7% 和 0.025 8%。

（5）砒砂岩区不同类型土壤的碳酸钙含量及阳离子代换量

以砒砂岩为母质发育的土壤富含碳酸钙（表 2-12），据土样分析，其含量范围在 0.37%～44.0%，变化很大。碳酸钙通常以假菌丝、粉末状、结核状、层状等形态存在。碳酸钙的含量分布因土壤类型而异，除风沙土含量较低外，其余土壤类型含量较高，尤其是钙质粗骨土、灰漠土和灰钙土含量更高。

表 2-12 土壤的碳酸钙含量及阳离子代换量

土壤类型	样地	样层深/cm	$CaCO_3$/%	阳离子代换量/（cmol/kg）
栗钙土	准格尔旗暖水	0～20	4.4	3.8
风沙土	准格尔旗纳林	0～20	5.3	4.2
黄土	准格尔旗海子塔	0～20	4.4	8.4
红土	府谷清水	0～20	3.2	5.8
紫色土	府谷清水	0～20	2.7	5.8
灰褐土	偏关城关镇	0～20	10.8	13.3

一般地，阳离子交换量的多少，可反映出土壤的供肥与保肥性能。从表 2-12 可见，砒砂岩区土壤阳离子代换量小于 10 cmol/kg 的土壤类型分布较多，这反映

出区域内除灰褐土外其他不同类型土壤的土壤供肥、保肥性能较差。

（6）砒砂岩中的典型营养元素含量

自然界中的物质由各种化学元素组成。生物维持生命所必需的化学元素虽然为数众多，但其中的碳、氢、氧、氮、磷、硫是自然界中的主要元素，也是构成生命有机体的主要物质。有机体的97%以上是由氧、碳、氢、氮、硫和磷6种元素组成的。这些物质在生态系统的各个组成部分之间不断进行着循环，它们在自然界的良性循环，保证了生态系统的稳定性。笔者对不同颜色砒砂岩中的典型营养元素进行了测定，结果见表2-13。

表2-13　砒砂岩中的典型营养元素含量

砒砂岩种类	典型营养元素含量/%					C/N
	N	C	H	S	O	
灰白色砒砂岩	0.029 5	0.601 5	0.439 0	0	0	20.4：1
褐色砒砂岩	0.027 5	0.734 5	0.420 5	0	0	26.7：1
绿色砒砂岩	0.028 0	0.760 5	0.547 0	0	0	27.2：1
红色砒砂岩	0.041 0	1.044 5	0.421 5	0	0	25.5：1
红棕色砒砂岩	0.040 0	0.929 0	0.497 0	0	0	23.2：1
平均值	0.033 2	0.814 0	0.465 0	0	0	24.6：1

注：使用意大利 EuroVector 公司生产的 Euro EA3000 有机元素分析仪测定。

从表2-13中可看出，不同颜色砒砂岩中生命体元素含量的高低，其中红色和红棕色砒砂岩中的碳、氮元素含量均较高，氢元素的含量总体上基本相当，只不过绿色砒砂岩中的氢元素含量略高些。在5种不同颜色的砒砂岩中均未测出硫、氧元素，或许硫、氧元素的含量极低，可能由于所用仪器精度原因未测出。由于缺乏硫、氧元素，加之氮元素含量较低，也是造成砒砂岩区植物生长困难的原因。5种颜色砒砂岩的碳氮比差异不大，平均为24.6：1，研究表明碳氮比值的高低可反映区域内植物群落的长期演替过程。

一般来说，土壤中的有机氮大部分较难分解，只有少量活的或死的生物体中的有机氮易矿化而被植物利用。另外，有机物中氮的分解过程表现为先快后慢，新鲜有机物加入土壤后经2~3年腐蚀分解后进入稳定状态，其所含有机氮难以进一步矿化。研究表明[78-80]，土壤中的有机氮含量在很大程度上取决于长期的有机质输入，即主要来自上覆植被的贡献，由于残留在土壤中的有机质主要来自上覆植物根系[79]。更进一步地说，C/N比值主要受控于土壤中TOC（总有机碳）含量的大小，而TOC含量的大小受控于上覆植被生物量的大小。因此，砒砂岩区C/N

比值变化主要受控于土壤的有机质输入，即在干旱的砒砂岩区，C/N 比值主要指示上覆植物生物量的贡献，进而反映出一定条件下的气候环境变化，也就是说，高的 C/N 比值反映了适合植物生长的暖湿环境；反之，低的 C/N 比值反映了不利于植物生长的冷干环境。砒砂岩中元素的碳氮比较低，一定程度上反映了该区长期的生态退化过程。

（7）砒砂岩与黄土及风沙土的养分含量

砒砂岩与黄土及风沙土的养分含量对比见表 2-14。

表 2-14 砒砂岩、黄土、风沙土的养分含量

岩土类别	有机质/%	速效氮、磷、钾/（mg/kg）			pH
		N	P$_2$O$_5$	K$_2$O	
砒砂岩	0.65	35	1.9	60	8.8
黄土	0.56	29	2.0	86	8.9
风沙土	0.73	30	2.6	88	8.7

注：出自文献[54]（准格尔旗试验区荒坡，0～20 cm 土层）。

从表 2-14 可看出，砒砂岩、黄土和风沙土养分含量普遍较低，而且十分接近；以砒砂岩为母质的土壤——栗钙土具有一定数量的养分，经过自然培肥或人工培肥与改良，基本能够供给植物生长，这也是生物措施治理砒砂岩的基础。

笔者曾在 2011 年 8 月在准格尔旗德胜西乡的酸刺沟采集砒砂岩样品，之后在西北大学大陆动力学国家重点实验室对其养分进行了测定，见表 2-15。

表 2-15 不同颜色砒砂岩的养分含量

不同颜色砒砂岩	含水量/%	有机质/%	总氮/（g/kg）	速效钾/（g/kg）
褐色砒砂岩	0.06	2.20	1.96	0.318
红色砒砂岩	0.07	1.34	0.71	0.189
白褐色砒砂岩	0.05	0.27	0.12	0.056
黄褐色砒砂岩	0.02	0.13	0.29	0.046
绿色砒砂岩	0.23	0.08	0.07	0.051

从表 2-15 可见，不同颜色砒砂岩的养分含量差异较大，总体上看褐色和红色砒砂岩的土壤养分含量较高，其他颜色的砒砂岩的土壤养分含量偏低，笔者在现场所观察的先锋治沙植物沙棘在红色和褐色砒砂岩上的长势比在其他颜色砒砂岩上的生长要好得多，这可能是其主要原因。另外，笔者也发现单纯地用某一种颜色砒砂岩的土壤养分含量代表整个砒砂岩区域的土壤养分含量是有偏差的。

总之，根据砒砂岩区内的岩土特征及区域内不同类型土壤养分含量等特征，反映出砒砂岩区内土壤质地结构粗疏，土层较薄，各种养分含量较低，抗蚀能力弱，是造成植物生长困难、水土流失严重的重要原因。应该通过植树种草、封育禁牧、退耕还林等措施逐步增加土壤有机质，提高土壤养分；对碱性较强的土壤，也可用生理酸性肥料来改善土壤结构、改善土壤酸碱度、调节 pH。

2.1.4　气象水文特征

2.1.4.1　气象特征

（1）区域气候宏观特征

砒砂岩地处黄土高原西北坡，属鄂尔多斯高原屋脊和南北两坡，从西北到东南，气候有显著差异。区域内气候宏观特征为，温度、降水和蒸发从西北向东南逐渐递增，风速和大风日数也相应递减。受高原地形垄升阻滞作用，高原屋脊和东南坡的降水大于西北坡，南坡水系发育大于北坡，但相应地南坡的水蚀比北坡要强烈。

砒砂岩区气候属于干旱、半干旱西北大陆季风性气候，大陆度约为 69%。温度带处于暖温带与中温带的过渡带上，年平均气温 6～9℃，极端最高和最低气温分别约为 40.2℃和－34.5℃；大于 10℃年平均积温 2 500～3 450℃，年平均有效积温为 3 145℃；无霜期约 130～170d；年均日照时数 2 875～3 150 h；年均蒸发量 2 200.5～2 650.8 mm；年降水量约为 290～410 mm，多年平均降水量约为 380 mm，年降水量主要集中在每年的 6—9 月，汛期降雨占全年降水量的 80%～90%，且多为短历时暴雨。该区年平均风速为 2～4 m/s，全年≥8 级大风日数 20～50 天。在每年的冬春季节交替变化期间，由于温度的剧烈变化加速了砒砂岩的物理风化，沟谷坡脚处冻融侵蚀与重力侵蚀进一步加剧，进而导致坡脚边岸泻溜、崩塌、剥蚀与片蚀等现象，从而在沟谷坡脚处产生大量坡裙性松散堆积物——砒砂岩的风化产物，给沟道暴雨提供了充足的沙源。

（2）区域降水特征

区域内降水年内年际变化较大，该区多年平均降雨量为 280～420 mm，且主要集中在 6—9 月，汛期降雨量占全年降雨量的 60%～80%，且以高强度短历时暴雨为鲜明特征。如准格尔旗 1979 年 8 月 10—14 日，一次降水达 160 mm，产生的洪水径流量 1.24 亿 m³，相当于年径流量的 57%。又如 1988 年 7 月 21 日，鄂尔多斯市及周边地区普降暴雨，降雨量达 110～200 mm，历时 6～10 h，平均雨强为 0.31～0.33 mm/min，由于降雨历时短，强度大，造成准格尔旗、伊金霍洛旗、杭锦旗、达拉特旗以及东胜区等遭受有史以来最为严重的洪涝灾害，直接经济损失达 1.4 亿元。该区降雨年际变化较大，丰雨年与枯雨年的降雨量相差 3～6 倍。汛期有 50%～60% 的降雨为暴雨或强暴雨型，往往较短历时（如几分钟或十几分钟）的暴雨都能造成水土流失或短历时小洪水灾害。以准格尔旗为代表，砒砂岩区的大致降雨特征为从 20 世纪 90 年代末，年均降水量达 378.7 mm，21 世纪初，年均降水量达 408.2 mm，降水量比 90 年代末增加了约 8%。21 世纪初期，汛期降雨量占全年降水量的百分数下降了，从 20 世纪 90 年代末的 67.8% 下降到了 58.2%，但年均降水量略有增加。

（3）区域风力特征

砒砂岩区由于高原地貌，地势起伏变化大，气候干旱，干燥度达 3.0～4.0，土壤干燥疏松，表层沙土与盖土覆盖，植被退化严重，冬春风速大，大风日数增多，且持续时间长。年平均风速达 2.3 m/s，最大风速达 24 m/s，最小能见度仅 0.24 m。每年冬春季，风沙肆虐，每年中大风天气主要发生在 3～6 月，其中 5 月的大风日数占全年约 20%，春季大风日数占全年约 45%，产生沙尘暴的大风日数占全年大风日数的 60%。该区多年平均风速为 2～4.2 m/s，多年平均大风日数约 14～36d，因此在覆沙砒砂岩区极易发生风蚀。从表 2-16 可见，1991—2000 年这 10 年间，准格尔旗年平均气温为 8.0℃，这一时期风速大于 17 m/s 的年平均天数为 5.1 天，这一时期风速大于 17 m/s 的总天数为 51 天；而在接下来的 2001—2010 年的这 10 年间，准格尔旗年平均气温为 7.0℃，这一时期风速大于 17 m/s 的年平均天数为 14.3 天，这一时期风速大于 17 m/s 的总天数为 129 天。

表 2-16　准格尔旗气象站年均气温、风速＞17 m/s 的年均日数及
年均降水量（1991—2010）

年份	年均气温/℃	风速＞17 m/s 的年均天数/d	年均降水量/mm	汛期降水量（6—8月）/mm	汛期降水量占全年降水量的百分比/%
1991	7.8	8	336	187	55.7
1992	7.6	5	450	292	64.9
1993	7.1	5	264	208	78.8
1994	8.3	8	462	378	81.8
1995	7.7	3	492	338	68.7
1996	7.7	3	485	352	72.6
1997	7.7	5	295	189	64.1
1998	9.2	7	496	305	61.5
1999	9.1	5	256	133	52.0

年份	年均气温/℃	风速>17 m/s的年均天数/d	年均降水量/mm	汛期降水量（6—8月）/mm	汛期降水量占全年降水量的百分比/%
2000	7.8	2	251	184	73.3
多年平均（1991—2000）	8.0	5.1	378.7	256.6	67.8
2001	8.7	6	327	202	61.8
2002	8.5	2	390	265	67.9
2003	7.5	2	483	304	62.9
2004	8.1	3	515	373	72.4
2005	7.6	24	257	164	63.8
2006	8.2	23	352	257	73.0
2007	8.0	19	386	202	52.3
2008	6.9	13	503	289	57.5
2009	7.8	21	312	150	48.1
2010	7.6	22	476	186	39.1
多年平均（2001—2010）	7.0	14.3	408.2	237.6	58.2

（4）区域农业气候资源特征

砒砂岩区属西北干旱大陆季风性气候，区内农业气候资源有以下特征，即光、热资源优越，因为全区大于等于 0℃ 期间的太阳总辐射达 $48×10^8 J/m^2$，这有利于作物的生长（光合作用增强）。降水量少、蒸发量大（蒸发量大于 2 000 mm），农田水分亏缺严重，这是由于降水量与蒸发量之间所构成的这种极不平衡造成的，水分亏缺不但引起自然植被的变化，而且也严重影响了作物实际单产的提高[81]；降水强度高，大风和沙、尘暴天数增多，加上其他不利的地形条件，土壤侵蚀十分严重。该区自然植被从东南部的半干旱的典型草原地带（干燥度 2.0～2.99），过渡到重半干旱荒漠草原地带（干燥度 3.0～3.99），再到西北区域的干旱荒漠草原地带（干燥度>4.0），这对农业生产极其不利。

2.1.4.2 水文特征

砒砂岩区主要分布于黄河"几"字弯的右岸各支流源头区的支沟（即黄河在此处的二、三级支沟）区域、以及区内较大的黄河一级支流（川），如皇甫川、孤山川、窟野河、清水川以及秃尾河等流域范围。在砒砂岩区内分布的河流（川）均为季节性半干旱区河流。砒砂岩在内蒙古自治区鄂尔多斯市东胜区北部的黄河右岸支流（川）包括：毛不浪沟、卡尔色太沟、黑赖沟、西柳沟、布日嘎斯太沟、毛不拉孔兑、母花儿沟、罕台川、壕清河、哈什拉川、柳沟河、虎斯太河等。砒砂岩区内集中分布的主要水系有皇甫川、孤山川、清水川、窟野河。砒砂岩在各主要直接入黄支流的分布面积以窟野河和皇甫川面积最大，其次为孤山川、清水川和浑河。皇甫川、孤山川、清水川几乎全流域都分布在砒砂岩区，窟野河在神木以上基本全部分布在砒砂岩区。还有约 1/3 面积的砒砂岩分布在内蒙古十大孔兑及其他直接入黄支沟。砒砂岩在各流域分布面积见表 2-17。

表 2-17　砒砂岩在各流域分布面积　　　　　　　　　　　　　单位：km²

类型		窟野河	孤山川	清水川	皇甫川	浑河	其他直接入黄支沟	总计
覆土区		1 689.73	1 272.82	890.476	2 689.09	117.55	1 772.75	8 432.42
覆沙区		3 136.61	47.91				524.66	3 709.18
裸露区	强度侵蚀亚区				141.40		2 823.14	2 823.14
	剧烈侵蚀亚区	921.23			394.34		1 720.76	1 720.76
总计		5 747.57	1 320.73	890.48	3 224.83	117.55	6 841.31	16 685.50

注：资料出自文献[67]。

在此，仅对砒砂岩区内的主要代表性河流（川）的水文特征[82]进行简单介绍与分析。

（1）皇甫川流域

皇甫川是黄河中游的一级支流，发源于鄂尔多斯高原与黄土高原的过渡地带，在陕西省境内流入黄河。皇甫川流域位于北纬 39.2°～39.9°，东经 110.3°～111.2°；最高点海拔约 1 480 m、河口最低点海拔 830 m，最大高差 650 m；南北最宽距离 86 km，东西最长距离约 102 km。皇甫川全长 120 km，流域面积 3 246 km²。全流域全为多沙粗沙区，且是砒砂岩分布的集中区域，年均向黄河输送泥沙高达 0.5 亿 t 泥沙。皇甫川流域正处于半干旱偏湿地带，多年平均降水量约 398 mm（1956—2000 年降雨系列统计），是鄂尔多斯高原暴雨中心区。降水年际和年内变化大，且年内分布极不均匀，年内降水集中在汛期的 6—9 月，占全年降水量的 75%以上，年均暴雨 5 次，其中 10～30 min 的短历时暴雨 2.85 次，占总次数的 63%；小于 10 min 暴雨 1.85 次占 37%，60 min 的暴雨 0.55 次占 11%；最大一日暴雨量为 52.8 mm，30 天降雨总量为 175.6 mm。汛期年均降雨量为 304 mm，占全年降水量的 70%以上；最大降雨量为 761.2 mm，发生在 1959 年，最小降雨量为 142.8 mm，发生在 1993 年。水面蒸发量在 1 000～2 000 mm，湿润度为 0.3～0.35，干旱度为 3.5～4.0。多年平均流量约为 5.87 m³/s，多年平均径流量为 17 170 万 m³（1961—1980 年），最大洪峰流量为 8 400 m³/s（1972 年），最大含沙量

1 210 kg/m³（1972 年），最大年平均含沙量 648 kg/m³（1972 年）。根据 1960—1980 年资料系列，多年平均径流总量约 1.717 亿 m³，多年平均输沙量约 5 560 万 t，多年平均输沙模数约 1.7 万 t/（km²·a）。根据 1981—2000 年资料系列，多年平均输沙量约 3 400 万 t，多年平均输沙模数为 1.05 万 t/（km²·a），比较这两个年代，皇甫川的输沙量大为下降，原因是流域范围内水土保持及淤地坝拦沙等的贡献。若根据 1956—2000 年资料系列统计，多年平均含沙量为 1 536.15 kg/s，多年平均输沙量为 4 850 万 t，其中汛期（6—9 月）占 98.6%，非汛期占 1.4%，其中汛期的输沙量主要集中在 7—8 月，7 月、8 月两月输沙量占汛期输沙量的 87.3%，7 月、8 月两月输沙量占全年输沙量的 86.1%；最大年输沙量为 17 100 万 t，发生在 1959 年，最小年输沙量为 277 万 t，发生在 1999 年，其次是 1993 年，输沙量为 514 万 t。另外，该流域温差较大，土层冻融作用强烈，一般年份冻结厚度为 90～110 cm，极端冻结最厚在 150 cm 以上。

（2）孤山川流域

孤山川流域位于陕北黄土高原与鄂尔多斯高原接壤地带，区域地貌属于毛乌素沙漠南缘与黄土丘陵沟壑的过渡地带。孤山川发源于内蒙古准格尔旗乌日高勒乡，流经准格尔旗和陕西府谷两县，在府谷县境内汇入黄河，是黄河中游北干流主要多沙、粗沙支流之一。孤山川全长 79.4 km，河道平均比降 5.4‰，流域面积 1 276.52 km²，其中内蒙古准格尔旗境内面积 256 km²，陕西府谷县境内面积 1 020.5 km²。有水土流失面积 1 240 km²，占流域总面积的 97%，其中粗泥沙集中来源区面积 1 270 km²，占全流域面积的 99.8%。流域内年均气温 8.5℃，1 月最低平均气温-8.4℃，7 月最高平均气温 24.0℃，年温差 32.4℃，历年极端最高气温 38.9℃，极端最低气温-24℃。降水年际变化大，据 1956—2006 年流域内雨量站资料统计，年最大降雨量 792.3 mm（1959 年），年最小降雨量 205.6 mm（1965 年），暴雨中心常出现在流域的中、下游；多年平均降雨量 435.5 mm，6—9 月降水量占年降水量的 70%～90%，7—8 月降雨量占年降水量约 53%；从占年降水量的比例来看，最大为 1959 年，汛期降水量为 695.4 mm，占全年降水量的 87.8%，最小为 2003 年，汛期降水量为 125.9 mm，占全年降水量的 61.2%；年均蒸发量 1 192.2 mm，约相当于降雨量的 2.74 倍。全流域内支流纵横、沟壑密布，均属季节性河流，雨季暴涨，旱季断流，河水含沙量高。据 1954—1989 年资料统计，多年平均水量为 9 165 万 m³，其中汛期水量占 75%，非汛期占 25%，多年平均输沙量为 2 364 万 t，多年平均输沙模数为 1.858 万 t/（km²·a），其中汛期占 99%，非汛期占 1%，最大年沙量为 8 390 万 t（1977 年），最小年沙量为 220 万 t（1965 年）。另据 1956—2000 年资料统计，多年平均输沙率为 667.48 kg/s，多年平均输沙量为 2 050.2 万 t，其中汛期（6—9 月）占 99.2%，非汛期占 0.8%，汛期的输沙量主要集中在 7—8 月，7 月、8 月两月输沙量占汛期输沙量的 89.5%，7 月、8 月两月输沙量占全年输沙量的 88.9%；最大年输沙量仍然是在 1977 年，最小年输沙量为 84 万 t，发生在 1999 年，其次是 2000 年，输沙量为 218 万 t。

孤山川流域悬移质泥沙组成为：$d \geqslant 0.05$ mm 占 43.1%，$d \leqslant 0.01$ mm 占 6.9%，d_{50} 为 0.045 mm，平均粒径为 0.076 mm。粗沙量（$d > 0.05$ mm）约为 1 019 万 t。

（3）窟野河流域

1）流域概况

窟野河，黄河一级支流，主流位于北纬 38°22′～39°30′。发源于内蒙古南部鄂尔多斯市沙漠地区的乌兰木伦河，最大支流悖牛川河源于鄂尔多斯市东胜县内，两河在陕西神木县城以北的房子塔相汇合，下游流域通常称为窟野河。河流从西北流向东南，于神木县沙峁头村注入黄河。全河长 242.0 km，流域面积 8 706.0 km²，河道平均比降 3.14‰，河源高程为 1 498.7 m，入黄口高程 740.6 m，总高差约 758 m。陕西境内河长 159.0 km，流域面积 4 865.7 km²，河道比降 4.28‰。窟野河流域地势西北高、东南低，神木县城以上为沙丘和流沙覆盖区，地处毛乌素沙漠的东南边缘，地面破碎，植被缺乏；河口段为土石山区，河流切割基岩，坡陡岸高，支流短少。全河河道中，房子塔到河口段的比降为 4.28‰，上游乌兰木伦河的平均比降为 2.83‰，悖牛川河道的平均比降为 2.43‰。

2）水系概况

窟野河水系结构简单，干流略呈"丫"字形，其中窟野河为直线型河流，两岸支流短小，最长支流不足 42 km。西南岸有较大支流 12 条，东北岸有较大支流 9 条，略为不对称。上游乌兰木伦河全长 132.5 km，流域面积为 3 837.27 km²，陕西境内河长 36.5 km，流域面积 770 km²。较大的支流有两条：石灰沟河长 20 km，流域面积 327.2 km²，河道比降 8.81‰；朱盖沟河长 29 km，流域面积 177.0 km²，河道比降 8.57‰。悖牛川河全长 87.5 km，流域面积 2 276.65 km²，陕西境内河长 36.7 km，流域面积 721 km²。窟野河流域多年平均降雨量 420.5 mm（1953—2000 年），多年平均径流总量约 7.59 亿 m³，多年平均径流深 88.7 mm，年均流量 24.1 m³/s（温家川站）。河流以降水补给为主，约占径流总量的 70.3%（温家川站），地下水补给占年径流总量的 29.7%。

3）径流变化特征

由于流域内自然地理条件不同，径流的地区分布差异较大。神木以上集水面积占全流域的 84%，而年径流量占 72%；神木—温家川区间集水面积占 15.6%，而年径流量却占 28%。从径流模数看，神木以上为 0.002 49 m³/（s·km²·a），神木以下为 0.004 35 m³/（s·km²·a）。从房子塔到入黄河口，径流深在 100 mm 以上，最深可达 150 mm；窟野河的径流主要来自中、下游，这与地处黄土丘陵沟壑区及暴雨中心有关。窟野河径流一般以夏季最大，秋季略大于春季，以冬季最小。房子塔以下夏季径流占年径流的 36.6%～38.7%，秋季占 28%，春季占 24%，冬季占 11%。支沟悖牛川径流分配最不均匀，夏季占 52%，冬季只占 3.7%。上游乌兰木伦河径流分配较均匀，夏季占 32.8%，秋季占 29.7%，春季占 30.0%，冬季占 7%，这与沙地的调节作用有关。

窟野河径流的年际变化也较大，其原因在于地处暴雨中心，降水的年际变化大，因此径流的年际变化也大。径流的变差系数 C_v 值 0.40～0.45，最大年与最小年的比值一般为 3～5，最大年变率为 1.63～1.84，最小年变率为 0.38～0.48。据温家川站 1953—2000 年实测资料统计，有 8 年为丰水年（降雨量＞500 mm），19 年为平水年（420 mm＜降雨量＜500 mm），20 年为枯水年（降雨量＜420 mm）。1955—1958 年、1962—1963 年、1979—1984 年、1990—2000 年连续 4 年、2 年、5 年、6 年（间隔）出现枯水年群，都不仅说明窟野河径流的年际变化大，而且径流量偏枯。窟野河洪枯流量的变幅也很大。神木站枯水只有 0.4 m³/s，1959 年 8 月 3—4 日，实测最大洪峰流量为 9 800 m³/s，1976 年 8 月 2 日，神木站流量为 13 800 m³/s。从洪峰流量的年变幅看，王道恒塔站 1961 年最大洪峰流量 8 440 m³/s，1965 年仅有 41.8 m³/s，相差 200 多倍。1977 年 7 月 23—25 日，神木普降特大暴雨，高家堡、沙峁等地 24 h 降水量达 400 多 mm，山洪暴发，造成严重洪涝灾害，破坏榆府公路 71 km，水淹推漫农田面积达 40.6 万亩。

4）泥沙及冰情

窟野河流域水土流失严重，河流含沙量大，各测站多年平均含沙量为 130～180 kg/m³（1953—1984 年），温家川站实测最大日含沙量达 1 700 kg/m³（1958 年 7 月 10 日）。温家川站多年平均输沙量 1.1 亿 t（1953—1989 年），占黄河陕县站多年平均输沙量 16 亿 t 的 6.9%。泥沙含量的总趋势是自上游向下游增加。王道恒塔站以上输沙模数为 8 800 t/（km²·a），到温家川出口站达 1.6 万 t/（km²·a），其中王道恒塔—神木间为 1.238 万 t/（km²·a），神木—温家川间猛增至 4.529 万 t/（km²·a）。所以窟野河下游成为陕西省及全国水土流失最严重的地区之一。

窟野河泥沙的年内季节变化相当大。据统计，温家川站 6—9 月输沙量占全年输沙总量的 98.4%，1954 年 7 月 12 日，一天的输沙量达 1.12 亿 t，占窟野河该年输沙量的 41%，而 12 月—次年 2 月，河流输沙量为 0.1%。窟野河主流位于北纬 38°22′～39°30′，每年都有较长时间的封冻期。神木站平均开始结冰日期约在 10 月 31 日前后，封冻日期约在 11 月 31 日前后，解冻日期约在 3 月 5 日前后，结冰时间一般长达 64 d，最大冰厚可达 0.88 m。

（4）秃尾河流域

1）流域概况

砒砂岩区在秃尾河流域的上游区域有分布，主要为盖沙砒砂岩区。秃尾河，汉代称圜水，后称吐浑河，明代称秃尾河，是黄河的一级支流。上游干流位于陕西境内，源于神木县瑶镇西北的公泊海子，起初称为公泊沟，与圪丑沟汇流后称为秃尾河，其下游为神木与榆林、佳县的界河，在佳县武家峁附近注入黄河。秃尾河全长 140.0 km，流域面积 3 294.0 km²，全河道平均比降 3.87%。

秃尾河上游主干流在神木县境内，为秃尾河河源段，源头位于神木县境内的瑶镇乡的官泊尔海子，宫泊沟、谷丑沟两大支流在乌鸡滩汇流后称秃尾河。流经瑶镇、高家堡、乔岔滩等地，流域包括瑶镇、大保当、高家堡、乔岔滩、花石崖、万镇 6 个乡镇，163 个村庄，计 2 370 km²，占神木县总面积的 31.4%。在榆林市境内，秃尾河经神木县高家堡西，在大河塌乡任庄则流经市境，至安崖乡卢家铺村东出境。在境内流经长 15 km，是该市与神木县的界河。这一河段多年平均流量 7 m³/s，河道平均比降 4.53‰。在佳县境内，秃尾河于朱家圪乡武家峁村汇入黄河，佳县境内流长 42.4 km，是佳县与原神木县的天然界河。

2）水文特征

秃尾河高家川站多年平均降雨量 404 mm（1956—2000 年），最大年降雨量为 726.9 mm（1958 年），最小年降雨量 207.7 mm（1999 年）；其中汛期（6—9月）多年平均降雨量为 309 mm，占全年多年平均降雨量的 76.4%，汛期的降雨量以 7 月、8 月两月的降雨量为主。秃尾河高家川站多年平均流量为 12.7 m³/s，多年平均径流量为 4.35 亿 m³，多年平均径流深 110.2 mm。高家川以北的地区径流深值最高，可达 160 mm，而下游年平均径流深只有 60 mm。

秃尾河流量的年际变化很小，高家川站径流变差系数 C_v 值为 0.14，实测最大年平均流量 17.1 m³/s（1967 年），最小年平均流量 9.48 m³/s（1984 年），最大与最小比值为 1.8，远小于北部窟野河的 3.8。从径流量的季节变化看，秃尾河上游高家堡站汛期流量占年径流量的 50%～60%，一般有两个汛期，春汛（3—4 月）流量占年均径流量的 16.5%，夏汛（7—8 月）流量占年均径流量的 26.0%。由于上游位于沙漠地带，降水不能直接补给河流，而以地下水的形式补给河流，因而河流径流量的季节变化也不大。下游高家川站最大洪峰流量达 3 500 m³/s，发生在 1970 年 8 月 2 日。秃尾河径流补给以地下水为主，高家川站地下水补给量为 10.40 m³/s，占径流总量的 75.9%。

据 1956—1984 年资料统计，秃尾河河流高家川站平均含沙量为 53.33 kg/m³，多年平均输沙率为 748.4 kg/s，平均输沙量为 2 359 万 t，平均输沙模数 6 551 t/（km²·a），含沙量为 50.7 kg/m³。据 1985—2000 年资料统计，平均输沙率为 401.58 kg/s，平均输沙量为 1 267.44 万 t，平均输沙模数为 3 852 万 t。根据 1956—2000 年数据统计，平均输沙率为 625.1 kg/s，平均输沙量 1971.38 万 t，平均输沙模数为 5 984 t/（km²·a）。从这几个相邻时段来看，多年平均输沙量在下降，主要是流域内的淤地坝及水土保持林草措施发挥了巨大作用。另外，从泥沙季节动态看，高家川站 6—9 月输沙量占年输沙量的 93%，其中 7 月、8 月占全年输沙量的 84.6%。

秃尾河每年约有 50 多天封冻期，每年约 11 月 3 日开始结冰，于 1 月 8 日左右开始封冻，3 月 4 日开始解冻，最大冰厚达 2.08 m，为陕西大河流冰厚之最。

2.1.5 植被特征

区域内地貌起伏，沟壑遍布，该区天然植被与人工植被的类型与布局受宏观气候和区域内局地小气候条件的影响，具有一定的地域特色与分布特征。砒砂岩区气温与降水量呈现出从东南向西北递减的趋势，这些区域气候变化特征及地貌特征共同决定和影响着砒砂岩区的植被群落的分布。砒砂岩区植被群落表现出从东南向西北由典型的半干旱草原地带逐渐向重半干旱草原地带及重干旱荒漠草原地带过渡特征。东南与南部边缘出现白羊草（*Botrochloa ischacmun*）为主的草甸草原群系，在西北边缘则出现以短花针茅（*Stipa breviflora*）和戈壁针茅（*Stipa gobica*）为主的荒漠化草原群系。砒砂岩区西南与毛乌素沙地毗邻，北面与库布齐沙漠东部相连，在风沙地带分布有一定面积的油蒿（*Artemisia ordosica*）植被。

砒砂岩区的原生植被主体以本氏针茅（*Stipa bungeana*）草原为主体的地带性植被群系。现已被百里香（*Thymus serpyllum*）+本氏针茅（*Stipa bungeana*）+达乌里胡枝子（*Lespedeza dahurica*）群系代替。砒砂岩区内砒砂岩与黄土及风沙土呈现复合交错分布，尤其是风积沙片状或条带状镶嵌其中，故常常在百里香（*Thymus serpyllum*）+本氏针茅（*Stipa bungeana*）+达乌里胡枝子（*Lespedeza dahurica*）群落中散布着条带状沙生植被群系。现广大坡面植被以本氏针茅草原（Form.*Stipa bungeana*）及其生态变体百里香草原广泛分布为特征，沟壁上生长了茭蒿（*Artemisa girardii*）草原。该区现保护较好的山地森林类型主要有：油松（*Pinus tabulaeformis*）、杜松（*Juniperus rigida*）、侧柏（*Platycladus orientalis*）等针叶乔木疏林和大果榆（*Ulmus macrocarpa*）、山桃（*Prunus davidiana*）、臭椿（*Ailanthus altissima*）等阔叶乔木疏林以及辽东栎（*Quercus liaotungensis*）、沙棘（*Hippophae ramnoides*）、虎榛子（*Orostachys davidiana*）、小叶鼠李（*Rhamnus parvifolia*）、柳叶鼠（*Rhamnus erythroxylon*）、蝼头叶绣叶菊（*Spiraea aquiligifolia*）、乌柳（*Salix cheilophila*）等多种灌丛，郁闭度 30%～45%。该区目前主要的人工植被以油松和沙棘为主，主要分布在准格尔旗境内，人工栽植的油松主要分布在西召、暖水镇等辖区，一般散布于土石低山与丘陵的缓坡、低坡及沟谷边坡等地。与此伴生的树种有黄刺玫（*Rosa xanthina*）、鄂尔多斯小檗（*Berberis caroli*）、小叶忍冬（*Lonicera microphylla*）、秦晋锦鸡儿（*Caragana purdomii*）、甘蒙锦鸡儿（*Caragana opulens*）、准格尔枸子木（*Cotoneaster*）、桃叶卫矛（*Euonymus bungeanus*）、灰榆（*Ulmus glaucescens*）、酸枣（*Zizyphus jujube* var *spinosa*）等多种。但这些树种由于人类活动的影响与破坏，目前已较为少见。这些乔灌木林下的伴生植物也很繁茂，主要有线叶菊（*Filipolinm sibiricum*）、白草（*Dennisetum centrasiaticum*）、羊草（*Leymus chinensis*）、白羊草（*Botriochloa ischaemum*）、铁秆蒿（*Artemisia sacrorum*）、茭蒿（*Artemisa girardii*）等几十种类，物种丰度 8～43 种/m²，植被盖度 30%～75%，干物质生产力 132.7～398.5 g/m²。人工乔木林主要以油松和杨树为主，小片种植了侧柏和樟子松；灌木主栽树种为沙棘、柠条和沙柳为主，并开展了大面积上述乔、灌木的混交林带，人工牧草品种主要有草木樨、紫花苜蓿和沙打旺等[54,81]。并伴随有其他一些名贵中药材类型的植被，包括灰叶黄芪（*Astragalus discolor*）、知母（*Anemarhena asphoderoides*）、黄芩（*Scutellaria baicalensis*）、达乌里龙胆（*gentian dahurica*）、柴胡（*Bupleurum chinensis*）、狭叶沙参（*Adenophora gmelinii*）、黄精（*Polygonatum sibiricum*）、细叶百合（*Lilum pumilum*）等。另外，在砒砂岩区的沟谷地、边坡林地附近也间隔疏散分布着季节性的农业人工植被，包括糜子、玉米、小麦、马铃薯、向日葵、花生、黄豆等豆科类植物。

2.2 社会经济概况

砒砂岩地区处于黄土高原与鄂尔多斯高原接壤地带，也属于我国北方典型的农牧交错带区域，社会经济以农业经济为主。近些年来，由于该区煤炭资源丰富，加速了煤炭化工工业的发展，使得该区以农业经济为主体的特征减弱。

水土流失与人类活动密切相关，地表地貌自然条件的改变，植被的破坏，气候水文条件的极端演变都会加速土壤侵蚀，从而不可避免地引起区域范围内的水土流失。因而区域内人口数量及其人口密度分布，一方面反映了人类对自然条件的开发利用和适应状况，而另一方面区域内人口分布及其对土地资源利用的方式与程度反映了人类对区域自然条件的改变和相应的破坏程度。

2.2.1 人口分布特征

砒砂岩区主要处于晋、陕、蒙接壤的三角地区，面积约 1.67 万 km²，主要分布在内蒙古自治区鄂尔多斯市的东胜区、准格尔旗、伊金霍洛旗、达拉特旗、杭锦旗、乌审旗和北部的土默特右旗的部分乡镇，陕西省的神木和府谷两县的大部分地区,仅在山西省的河曲和保德两县有零星分布。根据砒砂岩分布的区域范围，从行政区划上来看，砒砂岩区主要涉及内蒙古自治区鄂尔多斯市的东胜区、准格尔旗、伊金霍洛旗、达拉特旗、杭锦旗以及陕西的神木县与府谷县。因而，仅对砒砂岩区核心范围内的上述区、旗（县）进行统计，以分析其人口、社会与经济特征。表 2-18 是砒砂岩区所涉及的区、旗（县）的人口分布概况。

表 2-18　砒砂岩区内的人口密度（2012 年）

旗（县）	面积/km²	人口/万	乡村人口/万	单位从业人员数/万	乡村从业人员数/万	总人口密度/（人/km²）	乡村人口密度/（人/km²）
准格尔旗	7 551	30.9	10.3	4.089 3	7.962 4	40.9	13.6
东胜区	2 526	26.0	4.0	6.596 1	1.705 2	102.9	15.8
达拉特旗	8 241	35.8	14.3	2.193 3	9.389 5	43.4	17.4
伊金霍洛旗	5 487	16.8	7.2	4.060 0	4.948 9	30.6	13.1
杭锦旗	18 814	14.2	6.9	1.115 5	5.792 1	7.5	3.7
乌审旗	11 674	10.9	5.0	0.932 0	3.956 5	9.3	4.3
神木县	7 635	45.0	29.0	6.330 4	14.035 0	58.9	38.0
府谷县	3 229	26.0	17.0	1.726 2	9.411 6	80.5	52.6

资料来源：2012 年中国县（市）社会经济统计年鉴。

由表 2-18 可看出，砒砂岩核心区内的平均人口密度约为 26.4 人/km²（未统计神木县和府谷县），主要分布在东胜区、准格尔旗、达拉特旗和伊金霍洛旗，而神木县的人口密度平均约 58.9 人/km²，府谷县的人口密度约 80.5 人/km²；砒砂岩核心区内乡村人口密度平均为 11.3 人/km²（未统计神木县和府谷县）；在整个砒砂岩区内平均人口密度约为 38.8 人/km²（含神木县和府谷县），乡村人口密度平均为 19.8 人/km²（含神木县和府谷县），这表明砒砂岩区内的人口密度分布不均，表现出从东南向西北逐渐减少的特征。从乡村人口密度来看，人口密度在 20 人/km² 以下的地区集中在神木县以北地区的伊金霍洛旗、准格尔旗、达拉特旗等。随着社会经济的发展，就业结构的变化，尽管区域内劳动力的转移也将会引起区内人口密度的变化，但在短期内变化不大。虽然砒砂岩区的人口密度从数字上来看不是很高，但在这片千沟万壑、地表剧烈侵蚀破碎的丘陵地区，从可以利用的土地面积来看，在整个砒砂岩区内的平均人口密度 38.8 人/km^2 还是比很大的。另一方面，根据世界粮农组织和世界银行发布的资料，半干旱区人口环境容量的适宜阈值为 20 人/km^2，目前，砒砂岩区已经达到或超过了这个阈值，这对区域内资源利用及环境恢复已经造成了相当大的压力。另外，在砒砂岩区内，人口与聚落的分布差异也较大，金争平等指出，砒砂岩区内不同地貌类型区各村、社的人口密度差异较大。

2.2.2　土地利用特征

砒砂岩区主要是以农牧业为特征，近些年来，由于煤炭化工企业的进驻与发展，又表现出农牧交错及半农半工的特征。砒砂岩区内土地利用情况见表 2-19。由表可看出，区内各旗（县）所涉及的农田耕地面积为 1 281.8 km^2，坝地面积为 57.45 km^2，梯田面积为 187.94 km^2，林地面积为 2 049.34 km^2，草地面积为 1 315.24 km^2，经济林面积为 143.3 km^2，果园面积为 72.57 km^2，非生产地面积为 1 111.84 km^2，水域面积为 340.89 km^2，未利用地面积为 5 392.6 km^2。还可看出，砒砂岩区总土地面积约为 10 768.17 km^2，其中准格尔旗所占面积为 4 369.11 km^2，神木县所占面积为 3 684.45 km^2，府谷县所占面积为 3 236.17 km^2，伊金霍洛旗所占面积为 558.14 km^2，达拉特旗所占面积最少，为 105.1 km^2。在砒砂岩分布较为集中的区域准格尔旗、神木县和府谷县境内的未利用地均是最多的。在准格尔旗境内，未利用地占其境内砒砂岩区面积的 40.8%，林地占 23.7%，草地占 19.6%，耕地占 11.7%，非生产用地仅占 1.7%，其余用地占 2.5%；在神木县境内，未利用地占其境内砒砂岩区面积的 50.1%，林地占 14.4%，草地占 5.6%，耕地占 8%，非生产用地占 15.5%，其余用地占 6.4%；在府谷县境内，未利用地占其境内砒砂岩区面积的 50.5%，林地占 12.2%，草地占 3.4%，耕地占 13.9%，非生产用地占 11.9%，其余用地占 8.1%；在伊金霍洛旗境内，未利用地占其境内砒砂岩区面积的 18.9%，林地占 7.9%，草地占 23.7%，耕地占 5.4%，非生产用地占 14.5%，其余用地占 29.6%；在达拉特旗境内，未利用地占其境内砒砂岩区面积的 21.3%，林地占 38.1%，草地占 9.8%，耕地占 0.1%，非生产用地占 0.2%，其余用地占 30.6%。在砒砂岩区域范围内，不可利用的区域面积占砒砂岩区总面积的 50.1%，林地占 19.0%，草地占 12.2%，耕地占 0.9%，非生产用地占 10.3%，其余用地占 7.4%。这些表明，在砒砂岩区范围内，不可利用的土地面积占一半左右，其次是林地占总面积的 19%，草地仅占 12.2%；在可利用的土地面积中，林地和草地共占到了可利用土地面积的约 60%，覆盖度近年来虽有所提高，但仍然不是很乐观；非生产用地占到了 10.3%，这说明区域范围内的人类活动的影响是比较大的，对区域内的土壤侵蚀与水土保持工作仍然是一个挑战，要适度控制区域内的人类活动开发规模。

表 2-19　砒砂岩区土地利用概况（2005—2007 年）

县（旗）	耕地/km²	坝地/km²	梯田/km²	草地/km²	林地/km²	果园/km²	经济林/km²	未利用地/km²	非生产地/km²	水域面积/km²
达拉特旗	0.13	0.05	0.00	10.30	40.00	0.03	0.03	22.40	0.16	0.00
伊金霍洛旗	30.00	0.65	0.00	132.02	44.35	0.00	0.70	105.53	81.00	32.00
准格尔旗	509.85	21.03	56.38	854.72	1 038.64	12.06	19.14	1 781.81	75.48	163.89
神木县	293.60	20.10	51.24	207.68	530.93	17.67	44.10	1 847.42	569.25	102.46
府谷县	448.22	15.62	80.32	110.52	395.42	42.81	79.33	1 635.44	385.95	42.54
合计	1 281.8	57.45	187.94	1 315.24	2 049.34	72.57	143.3	5 392.6	1 111.84	340.89

注：资料引自文献[69]。

还可看出，区域内的宏观土地利用特征：区域内耕地偏少且分布不均匀，一般是东南部多，西北部少；从人均农田占有量来分析，北部人均耕地占有量要大于南部人均耕地占有量，原因是区域内北部地广人稀，南部人多地少且人地矛盾相对突出，由于全区范围内基本农田面积不多，所以前些年陡坡开荒现象颇为严重。近些年来，在国家退耕还林还草、禁牧政策的支持下，这些现象在逐渐减少。另据准格尔旗城乡建设局提供的统计资料显示，区内耕地面积中旱地占到了 93% 以上，基本上是广种薄收的粗放经营模式，土地生产力十分低下。

2.2.3　农业经济特征

砒砂岩区的农业经济情况见表 2-20。从表中可见，区内粮食总产量约 19.1 万 t，区内人均粮食占有量 531.18 kg；粮食产量集中在准格尔旗、神木县和府谷县，而达拉特旗和伊金霍洛旗的粮食产量均较低，原因是砒砂岩在达拉特旗和伊金霍洛旗境内的分布面积较大。区内总产值约 7.83 亿元，其中农业产值约 3 亿元，占总产值的 38.31%，林业产值为 0.605 亿元，占 7.72%，牧业产值约 2.235 亿元，占总产值的 28.54%，副业产值约 0.669 亿元，占总产值的 8.54%，区内人均收入平均约为 1 998.4 元，为偏低状态。从人均粮食产量来看，区内东南略低于北部，且准格尔旗和府谷县的人均产量略低些；从区内农业总产值来看，准格尔旗要远高于神木县和府谷县，原因是准格尔旗境内的农业产值要远高于其他旗（县）。伊金霍洛旗、准格尔旗和神木县的人均收入较高，而府谷县和达拉特旗的人均收入较低，约占伊金霍洛旗、准格尔旗和神木县平均人均收入的 63.9%。

表 2-20 砒砂岩区农业经济情况（2005—2007 年）

县（旗）	粮食产量/t	人均粮食/kg	总产值/万元	农业产值/万元	林业产值/万元	牧业产值/万元	副业产值/万元	人均收入/元
达拉特旗	56.50	628	21.60	5.86	2.10	6.88	7.05	1 478
伊金霍洛旗	34.08	521.65	2 751.50	667.83	635.79	1 340	108.40	2 522
准格尔旗	40 170	450	36 880	15 170	2 900	6 670	1 105	2 170
神木县	70 992.8	520	18 393	6 816.2	1 289.4	7 000	2 208.60	2 315
府谷县	76 360	446.25	20 260	7 330	1 220	7 332	3 260	1 507
合计	190 987.3		78 306.1	29 989.89	6 047.29	22 348.88	6 689.05	
平均		513.18						1 998.4

注：资料引自文献[69]。

总体上，砒砂岩区域内农业经济较为落后，全区仍然以半农半牧的农业经济结构为特征；人均粮食水平处于自给自足的较低水平，人均纯收入较为低下。砒砂岩区域的发展主要受制于区内的土壤侵蚀与水土流失与生态环境的破坏，本质原因是由于当地恶劣的自然地理条件和干旱的气候。因而，控制区内土壤侵蚀与水土流失，恢复区内的生态系统，是发展砒砂岩区内乃至整个黄河中游粗沙集中来源区经济的首要任务与基本前提。

2.3 本章小结

本章首先对砒砂岩区的自然地理条件及其特征做了详细介绍，为后续分析砒砂岩区内的土壤侵蚀特征及产流产沙特征奠定基础。自然地理基本特征包括：砒砂岩的地质地貌特征、岩土构成及其特征、不同类型土壤理化性质特征、不同类型砒砂岩营养元素特征、气象水文特征、典型流域的水文特征、植被构成及空间分布特征等，之后还对区内的土地利用特征、农业气候资源特征及区内的基本农业灾害特征进行了介绍。最后根据有关资料，对区内的社会经济概况进行了简要分析与说明。

3 砒砂岩区自然环境与土壤侵蚀特征

3.1 基岩产沙区的地理位置

砒砂岩区是基岩产沙区的核心区域，基岩产沙区的自然基本特征，反映了砒砂岩区的环境基本特征。

黄河在内蒙古以北的"几"字弯处，环抱西、北、东三面，南接黄土高原，北面有阴山山脉，东西长 1 000 km，南北宽 50～100 km，地势南高北低，大青山以西海拔 2 000 m，向东递减为 1 400～1 600 m，最高在狼山的呼和巴什格，海拔 2 364 m，西有贺兰山脉隆起于银川平原以西，阿拉善高原的东缘，南北长 270 km，东西宽 30～40 km，是一个南北走向的干燥剥蚀山地，海拔 2 000～3 000 m，最高峰在巴颜浩特东南的达呼洛老峰，海拔 3 556 m，直接包围基岩产沙区（见图 3-1）有两大沙漠：①位于陕西榆林市的毛乌素沙漠，总面积 1.58 万 km²，东西长 400 km，南北宽 12～120 km，主要是流动沙区，北部主要为风沙区，流沙与固定、半固定地交错分布，东南部多为零星小块沙地，属风沙和黄土区过渡地带。②位于内蒙古境内，黄河以南、鄂尔多斯市以北的库布齐沙漠，横贯东西，西宽东窄，最宽 28 km，最窄 8 km，海拔 1 200～1 400 m，面积 2 762 km²。沙带主要分布于罕台川以西，多属流动沙丘，面积 1963 km²，占库布齐沙漠面积的 71.1%，罕台川以东 794 km²，多为固定沙丘。在这两大沙漠的外围，还有 4 大沙漠，即内蒙古境内的巴音温都尔沙漠、巴丹吉林沙漠（我国第三大沙漠，世界第四大沙漠）、腾格里沙漠以及乌兰布和沙漠。基岩产沙区（图 3-1）指陕蒙接壤处直接入黄 5.37 万 km²（包括十大孔兑 0.610 7 万 km²）的一级支流——窟野河、黄甫川、秃尾河、孤山川、佳芦河和十大孔兑（年均水量 2.5 亿 m³，年均沙量 1.13 亿 t，其中粗沙量 0.924 亿 t），年产沙量 4.76 亿 t（未包括十大孔兑）占河龙区间总沙量的 47.8%。这里地势中西部高、四周低，西北部高于东南部，中西部海拔 1 100～1 400 m，中部接近 1 700 m。这里是黄河流域基岩集中产沙的主要来源区，又是我国沙暴扬尘的主要来源地之一。

砒砂岩区是基岩产沙区的核心区域，集中在晋、陕、蒙接壤区，主要分布在内蒙古的准格尔旗、伊金霍洛旗、东胜区、达拉特旗和陕西省神木、府谷6县（旗），黄河一级支流的黄甫川、窟野河和清水河流域。其范围是东起十里长川，与直接入黄的支流分水岭，西连东胜、达旗与杭锦旗的交界线，南到府谷县城并抵库布齐沙漠边缘，介于北纬39°37′2″～40°11′48″，东经109°4′30″～110°15′（见图3-1）。

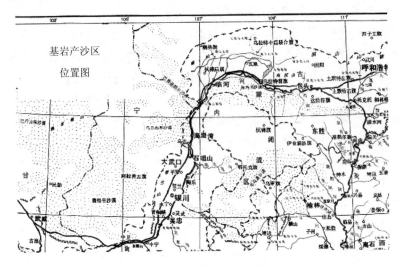

图 3-1 基岩产沙区位置

3.2 砒砂岩区自然环境基本特征

砒砂岩区地处鄂尔多斯高原东南坡，在地质构造上属于华北地台鄂尔多斯台向斜，以中生代地层为主，岩层产状接近水平，为一稳定结构。第四纪以来，以新构造上升运动为主，强烈的地层上升运动及其松散的岩石特性是砒砂岩产生强烈的现代侵蚀的基本原因。

砒砂岩区是黄河中游多沙粗沙区的核心来源区域。甘枝茂[83]根据区域地史及构造发育过程的不同，以及各地基岩出露状况和地层岩性的差异，按照出露状况分为裸露基岩和黄土下伏基岩两种。前者岩石主要是前寒武纪变质岩系，古生代碳酸岩与碎屑岩系，中生代陆相碎屑岩系和不同时期形成的岩浆岩体（以花岗岩为主）。表现为一系列的山脉，如太行山、吕梁山、中条山、骊山、渭北北山、贺兰山、大罗山、六盘山、马于山和兴隆山等；另一种表现为一系列台地，如宁夏的灵盐台地，甘肃的白银—靖边台地，内蒙古的托克托—准格尔旗台地，系中生界岩系直接裸露于地表，岩石风化疏松，剥蚀强烈，后者掩埋于各种黄土地貌形态之下，只有在黄土高原深切沟谷中可以见到。山西、陕北、内蒙古南部和宁夏以中生界为主，甘肃地区、青海海东地区和宁夏南部地区以第三系及白垩系为主，在黄土层之下呈波状面分布，是黄土沉积前的一种古凹凸不平的地形，代表了黄土沉积前的一个沉积阶段，是一种长期风化剥蚀面。为此，在沟谷处表现为"黄土戴帽，红土（基岩）穿裙"的特殊地貌景观。

从地貌分类看，处于"皋兰北—靖边—同心—定边—榆林—准格尔旗—林格尔以北"是中温带干旱荒漠草原，暖温带半干旱强烈风蚀带和稍南的暖温带半干旱草原风蚀水蚀带，该区自然植被生产力较低。西部临河一带在阴山山脉和贺兰山脉之间形成了一个天然的地貌大缺口。砒砂岩区位于基岩产沙区的中心，东西向正对准地貌大缺口，又是湖相沉积物形成的干燥剥蚀台地，即内蒙古的托克托—准格尔旗台地，给风蚀提供了有利条件。

由于地质、地貌、气候、水文、植被和土壤等特点，砒砂岩区的水土流失、风沙危害和干旱缺水情况均较严重。人类活动，特别是人口快速增长、陡坡开垦、广种薄收、轮种撂荒、不合理利用土地、破坏林草植被等方面没有按自然规律、经济规律办事等原因，则更加速了土壤侵蚀，致使地表千沟万壑、支离破碎，生态和经济系统失调。

3.2.1 气候特征

（1）降雨量逐渐减少

砒砂岩地区年均降雨量 390 mm，毕慈芬[65,66]对准格尔旗西召沟 1995—1999 年的降雨量进行了观测，结果发现，5 年来除 1995 年和 1996 年的降雨量分别为 395.5 mm 和 387.2 mm，接近多年平均降雨量外，1997—1999 年，降雨量只有多年平均值的 50%，分别是 180.4 mm、229.1 mm 和 195 mm。东胜区年降水量变化表明，20 世纪 50 年代为 396.9 mm，60 年代为 401.3 mm，80 年代为 378.8 mm，90 年代为 366.6 mm，呈现出逐渐递减的趋势（表 3-1，图 3-2、图 3-3）。以皇甫川和孤山川为例，表 3-1 是皇甫川和孤山川从 20 世纪 50 年代到 90 年代的降雨量变化。从表 3-1 可看出，皇甫川和孤山川从 20 世纪 50—90 年代，降雨量一直持续减少；皇甫川 50 年代平均降雨量为 504.6 mm，到 90 年代降雨量达最小，为 307.0 mm；孤山川不同年代的降雨量比皇甫川的略大些，但也表现出持续减少的趋势，80 年代孤山川的平均降雨量最小，达 389.5 mm[图 3-2（a）、（b）]。

表 3-1　皇甫川（皇甫站）和孤山川（高石崖站）及东胜区不同年代降雨量

单位：mm

站名	时间				
	50 年代	60 年代	70 年代	80 年代	90 年代
皇甫川	504.6	445.7	397.6	390.6	307.0
孤山川	530.8	464.6	415.3	389.5	396.6
东胜区	396.9	401.3	397.7	378.8	366.6

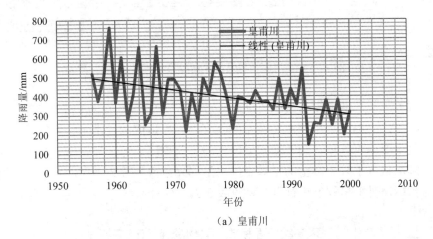

（a）皇甫川

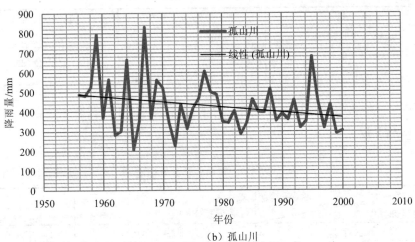

（b）孤山川

图 3-2　皇甫川和孤山川降雨量及其变化趋势（1956—2000 年）

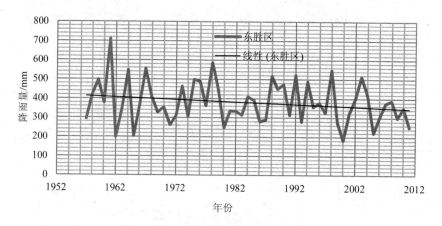

图 3-3　东胜区降雨量及其变化趋势（1956—2000 年）

（2）干旱周期缩短、持续时间长

干旱，一般是指由降水和蒸发的收支不平衡造成的异常水分短缺现象。由于降水是主要的收入项，因此通常以降水的短缺程度作为干旱指标。如连续无雨日数、降水量低于某一数值的日数、降水量的异常偏少等。采用降水量距平百分率作为指标，对干旱程度进行划分，见表 3-2。

表 3-2　干旱标准（月降水量距平百分率）

旱　　期	一般干旱	重旱（大旱）
连续 3 个月以上	−50%～−25%	−50%以上
连续 2 个月	−80%～−50%	−80%以上
1 个月	−80%以上	

重旱或特大旱的旱期必须连续 2 个月或 2 个月以上，其降水量距平百分率的标准见表 3-3。

表 3-3　重旱、特大旱标准

干旱持续时间＼干旱等级	重旱	特大旱
≥5 个月	−50%～−25%	≤−50%
3～4 个月	−80%～−50%	≤−80%
2 个月	≤−80%	

内蒙古中西部 500 年旱涝史[84]给出，出现干旱的年份占 70%～75%，即"三年两年旱"、五年出现一次全区性大旱。又对 40 年（1947—1987 年）干旱史资料分析发现，干旱周期明显缩短，出现"三年两年中旱"，"四年三年中旱"，"三年一大旱"的变化，而且春季连续干旱增长，农区连旱年（1971—1974 年）夏秋季连旱年 3 年（1970—1972 年）。牧区春季连旱年 6 年（1971—1976 年），夏秋季连旱年 6 年（1968—1973 年）。颜济奎[85]对黄河上中游地区 500 多年干旱史进行了研究给出该地区 500 多年间出现过 10 个连续枯水段，50～70 年出现一次。根据中国干旱统计资料，砒砂岩区 1955 年 3—8 月，发生重旱，降水距平百分率为–60%～–35%；1960 年 3—5 月，发生重旱，降水距平百分率为–60%～–35%；1962 年 3—6 月，发生特大干旱，降水距平百分率为–90%～–65%，这次大旱引起的后果为：大部地区小麦遭受"卡脖旱"，影响产量，陕北耕作层土壤湿度小于10%，作物缺苗严重，内蒙古牧业生产受较大影响，秋季打草量明显减少，仅锡林郭勒盟白旗打草量比上年减少约 2.65 亿 t；1972 年 3—7 月，发生特大干旱，降水距平百分率为–85%～–40%；1980 年 4—6 月，发生重旱，降水距平百分率为–70%～–50%；1980 年 7—9 月，大部重旱，降水距平百分率为–60%～–40%，这次大旱引起的后果为：内蒙古西北部干旱严重，大秋作物受"卡脖旱"，玉米成片被旱死，山林、果园受到干旱威胁，大部农田绝收，小河干涸；1986 年 3—6月上旬，部分地区发生重旱，降水距平百分率为–85%～–60%，砒砂岩区及整个内蒙古中西部，4 月大部降水较常年偏少 2 成以上，5 月中西部降水量不足 5 mm，偏少 8～9 成，春旱严重；1991 年 7—9 月，内蒙古大部地区重旱，可以看出，砒砂岩地区的重、特重干旱主要发生在每年的 4—6 月。另外，表 3-4 是砒砂岩区准格尔旗 1991—2011 年的灾害统计，可以看出，准格尔旗的主要灾害是干旱，干旱的受害百分比平均为 80%～89%，主要是轻度、中度的干旱居多，发生冰雹、冷害的灾害较少，持续时间较短。

表 3-4　砒砂岩区准格尔旗灾害统计

年份	灾害名称	受灾作物	受害程度	持续天数/d	受害面积	受害百分比	发生月份
1991	干旱	其他作物	中	20	48.2 万亩	80%～89%	9
1992	干旱	其他作物	重	30	48.2 万亩	80%～89%	7
1993	干旱	其他作物	中	52	65.0 万亩	80%～89%	6、7、9
1994	干旱	其他作物	轻、中、重	89	65.0 万亩	80%～89%	4、5、6
1995	干旱	其他作物	轻、中、重	122	65.0 万亩	80%～89%	5、6、7
1996	干旱	其他作物	中	24	65.0 万亩	80%～89%	6
1997	其他灾害	其他作物	轻、中	107	5.2 万亩	80%～89%	6、7、8、9

年份	灾害名称	受灾作物	受害程度	持续天数/d	受害面积	受害百分比	发生月份
1998	冰雹	其他作物	重、轻	1	4.7 万亩	0～9%	6、7
1998	冷害	其他作物	轻	2	0.5 万亩	0～9%	6
1998	干旱	其他作物	轻	5	52.0 万亩	80%～89%	6
1998	其他灾害	其他作物	重	304	2.0 万亩	0～9%	7
1998	洪涝	春玉米	重	2	0.1 万亩	0～9%	7
1999	冰雹	其他作物	中	0.5	0.5 万亩	0～9%	7
1999	干旱	其他作物	中	227	65.0 万亩	70%～79%	6、7、8
2000	干旱	其他作物	轻	206	65.0 万亩	70%～79%	4、5、6、7、8、9、10、11
2001	干旱	其他作物	轻、中、重	180	65.0 万亩	70%～79%	2、3、4、5、6、7
2002	干旱	其他作物	轻	123	65.0 万亩	70%～79%	5、6、8、9、10
2002	冰雹、洪涝	其他作物	轻	3	0.4 万亩	0～9%	6
2003	干旱	所有作物	轻	19	65.0 万亩	70%～79%	6-7
2004	干旱	所有作物	轻	60	65.0 万亩	70%～79%	4、5、6、7
2004	冰雹	所有作物	轻	1	0.1 万亩	0～9%	6
2005	干旱	所有作物	轻、中	167	37.5 万亩	60%～69%	7—11
2006	干旱	所有作物	轻	224	37.5 万亩	50%～69%	3—9
2006	冰雹	所有作物	中	0.5	1.0 万亩	0～9%	8
2006	霜冻	所有作物	中	8	1.2 万亩	0～8%	9
2007	干旱	所有作物	中	51	51.2 万亩	50%～59%	7—8
2007	霜冻	所有作物	轻	8	15.9 万亩	10%～19%	9
2008	霜冻	所有作物	中	6	12.2 万亩	20%～29%	5
2008	干旱	所有作物	轻	53	70.8 万亩	70%～79%	5—6
2008	冰雹	所有作物	中	0.3	0.8 万亩	0～9%	6
2008	冰雹	所有作物	轻	0.5	1.8 万亩	0～10%	6
2008	冰雹	所有作物	中	2	9.4 万亩	10%～19%	9
2009	冰雹	所有作物	轻	0.5	0.4 万亩	0～9%	7
2009	干旱	所有作物	轻	58	87.4 万亩	80%～89%	7
2010	干旱	所有作物	轻	168	53.3 万亩	60%～69%	6—9
2010	暴雨	所有作物	轻	1	14.0 万亩	10%～19%	9
2011	干旱	所有作物	轻、中、重	77	40.9 万亩	60%～69%	6—8

注：资料出自中国干旱灾害资料数据集（1991—2011 年），中国气象科学数据共享服务网，http: //cdc. cma.gov.cn/home.do.

（3）气温特征

研究表明，纬度较低的西部干旱区（基岩产沙区）1977 年开始显著增温，20
个国家气象监测站年平均气温增高 0.61℃。同时，内蒙古从 20 世纪 70 年代开始，
冬季平均气温增高 2～3℃。砒砂岩区属干旱、半干旱大陆性气候，根据准格尔旗
沙圪堵气象站 1960—1989 年观测资料，该区平均气温 7.3℃，大于 10℃积温
3 472℃，日照 3 101 h，无霜期 148 天，蒸发量 2 041 mm，为降雨量的 5.2 倍。

图 3-4 是准格尔旗 1991—2011 年的年平均气温变化图，图 3-5 是准格尔旗
1991 —2011 年的月平均气温变化图。准格尔旗气象站 1991—2011 年的监测资料
表明，准格尔旗的年平均气温在 20 世纪 90 年代略有上升，从 2000 年以后，年平
均气温持续下降，90 年代的多年平均气温为 8.3℃，21 世纪初期（2000—2011 年）
年均气温缓慢下降，该时段的多年平均气温为 7.9℃（图 3-4）。另据图 3-5 可以
看出，准格尔旗多年月平均气温的年内变化特征，即 12 月和 1 月最低，12 月为
–8.2℃，1 月为–10.9℃；6 月、7 月、8 月三个月的温度最高，其中 7 月的温度最
高，达 23.6℃，6—8 月三个月的平均气温为 22.2℃。

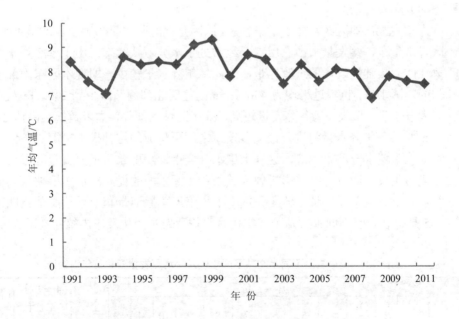

图 3-4　准格尔旗年平均气温变化（1991—2011 年）

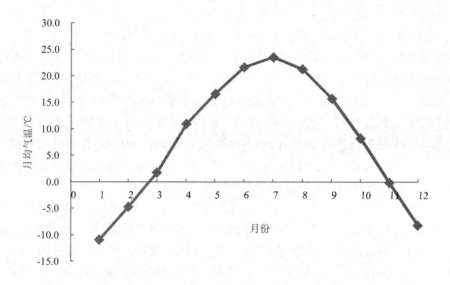

图 3-5　准格尔旗月平均气温变化（1991—2011 年）

（4）蒸发量增大

内蒙古大部地区经常处于干旱状态，原因是地区降水量与蒸发量严重不平衡。本区降水量少，蒸发量大，农田水分经常处于水分亏缺状态；由于本区处于东南季风与西北大陆性气候的过渡地带，因此，年降水量较少，即使本区东南部多雨地带的年降水量，也不过平均为 450 余 mm，往西北部逐渐减少到 200 mm 左右。又因大气干旱、风大，沟谷蒸发量较高，除了区域西部外，大多数地区高达 2 000多 mm[86]。在年降水量与沟谷最大蒸发量之间所构成的这种极不平衡的条件下，沟谷地表土壤水分严重亏缺，这种土壤水分严重亏缺现象，不但引起区域自然植被变化与生长，而且也严重影响到区域农业实际单产的提高。自然植被从区域东南的半干旱典型草原地带，转变到重半干旱荒漠草原地带和干旱荒漠草原地带。表 3-5 是砒砂岩区不同水文站不同年代月平均蒸发量变化及年内统计情况。

表 3-5　砒砂岩区不同水文站不同年代月平均蒸发量变化及年内统计

站名	月 份												全年	4—9月占全年比例/%	时段/年
	1	2	3	4	5	6	7	8	9	10	11	12			
新 庙	21.4	29.9	67.5	130.1	243.1	201.6	186.3	149.1	113.9	56.9	34.5	20.7	1 254.8	81.61	1975—1989

站名	月 份												全年	4—9月占全年比例/%	时段/年
	1	2	3	4	5	6	7	8	9	10	11	12			
高石崖	17.2	29.8	72.9	129.5	153.9	153.4	137.7	113.5	84.3	62.6	44.9	18.6	1 018.2	75.84	1956—1968
申家湾	17.2	26.2	63.0	142.4	194.1	178.1	156.4	124.3	88.7	68.8	28.9	14.6	1 102.6	80.17	1975—1989
神 木	18.9	31.3	74.2	120.2	156.9	160.8	142.5	113.6	83.2	57.6	37.4	19.6	1 016.2	76.48	1956—2000
温家川	31.5	76.2	126.4	165.8	173.7	152.9	118.1	84.5	59.3	28.3	17.9	31.5	1 053.1	78.00	1956—1988

注：新庙站是窟野河最大的支流悖牛川流域的控制水文站；高石崖站是孤山川流域的控制水文站；申家湾站是佳芦河流域的主要控制水文站；神木站是窟野河上游流域的控制水文站；温家川站是窟野河全流域的主要控制水文站。

从表 3-5 可看出，砒砂岩区不同流域的年蒸发量主要集中在年内的 4—9 月内，其中 4—9 月的蒸发量占全年总蒸发量的 75%～82%，其余的 10 月至次年 3 月的蒸发量占全年的 18%～25%，所以砒砂岩区一个水文年内约半年处于干旱状态，其中属 5—8 月最为严重。年内蒸发量最大的月份是 5—6 月，最小的月份是 1 月和 12 月。砒砂岩区内这五个水文站全年平均蒸发量约为 1 089 mm，约是区域内年平均降雨量 400 mm 的 2.7 倍，据资料统计，在局部区域内的不同月份内蒸发量约是降雨量的 5 倍多。

图 3-6 是砒砂岩区不同水文站蒸发量不同年代变化趋势。从图 3-6 可见，砒砂岩区域内的黄河主要支流流域蒸发量从 1956—1999 年呈现出略微下降的趋势，窟野河神木站的年蒸发量从 1988—1999 年呈现出增大的态势，但总体比 20 世纪 50 年代和 60 年代要低些，这可能与气候变化有关。其中蒸发量最高发生在 1975—1977 年，佳芦河流域（申家湾站）和窟野河最大的支流勃牛川流域（新庙站）蒸发量高达 1 800 多 mm，是 1956—1999 这 44 年间最大蒸发量，是多年平均降雨量 400 mm 的 4.5 倍。可见，区域内蒸发量与降雨量是严重失衡的，这是造成区域长期干旱的原因之一。

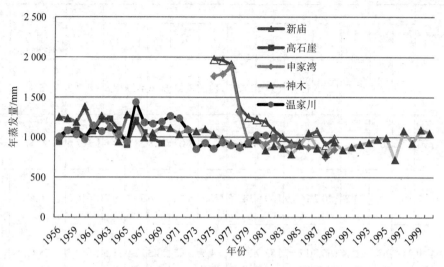

图 3-6　砒砂岩区不同水文站年蒸发量变化趋势

　　砒砂岩区不同水文站多年月平均蒸发量变化见图 3-7。从图 3-7 可看出，砒砂岩区各主要流域的月平均蒸发量超过 100 mm 的月份是 4—8 月共计 5 个月，其余 7 个月份的蒸发量多低于 100 mm；汛期降雨量大，相应的蒸发量也较高，非汛期降雨量少，相应的蒸发量也较小。年内变化趋势呈现出倒"U"形，即中间的 4—8 月蒸发量较高，两头月份的蒸发量较低。

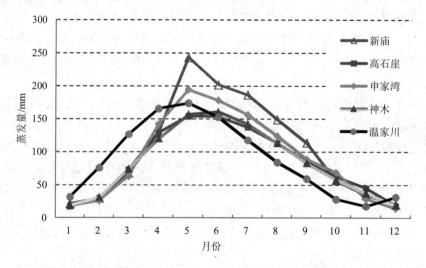

图 3-7　砒砂岩区不同水文站多年月平均蒸发量变化

3.2.2 环境灾害特征

（1）风灾严重

内蒙古冬春季常处于蒙古高压中心的东南缘，气压梯度大，常形成偏西、偏北风。阴山山脉以北因地势高，地形平坦，冷空气首当其冲，入侵基岩产沙区，平均每年大风日数 20～30 天，最长达 80 天，大风集中在冬春季节，平均风速 2～6 m/s，最大达 20 m/s。根据内蒙古实测资料分析，20 世纪 50—60 年代全区性风灾 3～5 年一遇，70 年代 2 年一遇，进入 80 年代至今，几乎年年发生[86]。表 3-6 是内蒙古准格尔旗气象站 1991—2011 年监测的风速大于 17 m/s 的日数统计表。

表 3-6 准格尔旗气象站 1991—2011 年监测的风速大于 17 m/s 的日数统计

年份	1991	1992	1993	1994	1995	1996	1997	1998	1999	2000	2001
风速大于 17 m/s 的日数	6	5	5	8	2	3	5	8	5	2	6
年份	2002	2003	2004	2005	2006	2007	2008	2009	2010	2011	合计
风速大于 17 m/s 的日数	2	2	3	22	14	19	13	21	22	13	186

注：资料出自准格尔旗农业气象资料数据集（1991—2011 年），中国气象科学数据共享服务网，http://cdc.cma.gov.cn/home.do。

从表 3-6 中可见，内蒙古准格尔旗风速大于 17 m/s 的日数，1991—1999 年平均每年发生 5 天左右，2000—2004 年平均每年发生约 3 天，2005—2011 年平均每年发生约 18 天，约是 1991—2004 年每年发生风速大于 17 m/s 的日数 4.5 天的 4 倍，这说明从 2005 年以后，每年发生风速大于 17 m/s 的日数迅速增多，这对农业的发展较为不利，也对于沙尘暴的发生及强度有一定程度的推动作用。图 3-8 是内蒙古准格尔旗风速大于 17 m/s 的日数年变化趋势图（1991—2011 年）。

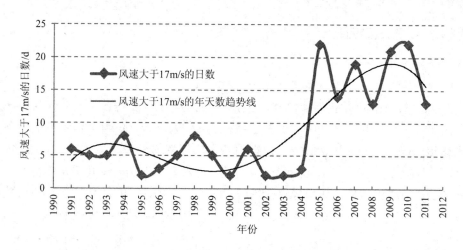

图 3-8　准格尔旗年风速大于 17 m/s 的日数变化趋势（1991—2011 年）

由图 3-8 中通过多项式按顺序 4 阶拟合的趋势线可看出，年风速大于 17 m/s 的日数从 1993—1999 年有所下降（约从年发生 6 天下降到年发生 3 天），1999—2009 年迅速增大（从平均年发生 3 天增大到年发生 18 天），说明风速大于 17 m/s 的极端天气的日数在近些年来可能有持续增大的趋势，这对于当地的农业发展是不利的，这可能与区域的气候变化、土地利用变化及人类活动等有关。

（2）沙尘暴严重

平均每年沙尘暴日数约 10 天。在冬春季节，风蚀沙暴强烈，沙漠化发生区不仅有飞沙走石现象，而且粉尘随风飘荡，严重污染环境。据考证[86]，在鄂托克旗和杭锦旗政府所在地，每年冬春季节，仅沙尘的沉积厚度高达 5～10 mm。1986 年，在基岩产沙区的北部地区，内蒙古的阿拉善盟出现了一次历史罕见的特大沙暴天气，称为黑风暴。据目击者描述，只见西北方一道沙墙，上下翻滚，左右盘旋，天昏地暗，伸手不见五指，出现了非常恐怖的景象。当地额济纳旗气象站 5 月 14 日测量的瞬时最大风速 20 m/s。阿拉善左旗巴颜浩特站能见度减为 0 m，瞬时最大风速 29 m/s。大风引起气温剧降，大风过后气温下降 8～10℃，最低气温降到‑4℃。据调查，这次黑风暴使阿拉善盟直接经济损失达 3.5 亿元，类似这样的风暴在世界史上只有美国出现过。1933 年 5 月 11 日，美国中西部特大黑风暴覆盖区长达 2 400 km，宽 1 440 km，遍及北美洲大陆 2/3 区域，高达 3 000 m，黑霾墙穿越纽约市政府大厦窗后，进入大西洋数百公里。

沙尘暴特征主要是扬尘颗粒较细。根据腾格里沙漠沙坡头试验站 14.6 m 高的尘埃观测塔资料，0.05～0.01 mm 粉尘量占 39.46%，小于 0.01 mm 黏粒占 10.08%。

这两种粒径级沙量分别为流沙量的 282 倍和 44 倍,这说明粉尘量是沙暴扬尘的主要组成粒径。根据毕慈芬调查,1997 年以来,基岩产沙区遇到 60 年不遇的大旱,1999 年和 2000 年春季,农田因天气干旱无水种不上庄稼,而耕地土壤多为粉尘,因此,耕地上的粉沙随风吹起,细粒飘荡,是构成近年沙暴扬尘的细沙来源之一。如西召沟毡房湾村村民张阳焕叙述,2000 年春季他们家门前的葵花地翻过,把葵花根一堆堆放在地里,一个春天吹走 0.2 m 厚土,葵花根堆上被 0.3~0.4 m 厚的土掩埋了。

(3)土地沙化严重

土地沙化是指在具体的沙物质分布的干旱半干旱甚至半湿润地区,不同时间条件下,以风力为动力的气候地貌过程。

沙漠化发展主要是流动沙地、开垦造成的沙化土地,主要是过度开垦和放牧造成的。总之,主要是人为因素造成,如伊盟准格尔旗和乌盟清水河县因土地沙化减产 25%~40%,有时风能把幼苗拔起。又如伊盟准格尔旗的农牧业生产主要是沟涧地,由于长期"倒山种田"和过度放牧,坡面植被覆盖率极差,撂荒地增多,土地不断沙化。伊盟 1958—1960 年、1966—1973 年,两次大规模开垦草地 60 多万 hm²,造成 120 万 hm² 土地沙化。

(4)水资源匮乏

窟野河、无定河等黄河一级支流年总水量为 26.58 亿 m³,占河龙区间总水量的 37%。十大孔兑年水量为 2.5 亿 m³,两者相加共有水量 29.08 亿 m³,这里有人口 503.8 万人,人均水量为 585 m³。

近年来,由于天气干旱,降雨量少,地表径流在减少,以十大孔兑为例,龙头拐水文站 1960—1991 年资料系列说明:1960—1969 年径流量为 0.357 亿 m³,1970—1971 年为 0.347 7 亿 m³,而 20 世纪 80 年代仅为 0.259 9 亿 m³。基岩产沙区人畜饮水十分困难,更谈不上农业灌溉(除河套引黄灌溉以外),这里是我国能源重化工基地,城市随着经济发展而崛起。如东胜区,年平均降雨量 394 mm,由于降雨集中在汛期暴雨中,地表水以洪水径流为主,洪峰流量大,时间短,含沙量大,很难利用。1990 年虽然用水量只有 0.36 亿 m³,但已超过地下水开采量的一半以上,每天缺水 2 000 t,1/3 城市居民无水可饮。又如准格尔旗从 2000 年 7 月至 2001 年 7 月无降雨,坡地上的杨树有些已经旱死,暖水乡沙棘死亡为 20 世纪 80 年代以来种植面积的 30%,其中干旱死亡约 70%,虫害死亡约 30%,沟道沙棘也有少量死亡。同时,由于降雨量减少、气温增高、蒸发量大,导致湖泊萎缩。据统计,内蒙古全区 20 世纪 60 年代面积在 1 km² 以上的湖泊总面积为 5 261 km²,到 80 年代,测算只有 3 940 km²,20 年减少了 1 321 km²。

（5）植被盖度低

这里除地处毛乌素沙漠中的无定河流域植被较好以外，其他流域只有沟道中有零星树木，大部分为秃山荒岭，植被盖度仅为 15%～30%。

总之，这里是黄河流域的干旱少雨区域，冷暖悬殊、多暴雨、多风暴，岩石疏松，坡陡流急，千沟万壑，自然植被稀少，处于三面被黄河环抱又不可改变地貌的大缺口以东的这样极为恶劣的环境之中。

3.3　土壤侵蚀特征

3.3.1　地貌特征

砒砂岩区地处鄂尔多斯高原，属二叠纪、白垩纪的松散沉积岩，在第四纪干冷的气候下，其上堆积了黄土和风成沙层，其地质构造松软，地面支离破碎，沟壑密度大，地理地貌独特。砒砂岩区一般可分为裸露、黄土和盖沙三种类型，呈现出无水干硬如石，遇水则稀软如泥，遇冻融和风化则碎屑剥裂等特征。为了分析砒砂岩区的侵蚀特征，有必要对砒砂岩区的基本地貌特征进行分析，包括砒砂岩地区的坡度及面积分布、沟壑密度数量结构及沟壑切割裂度等内容。

砒砂岩区按直接暴露程度及坡度和面积一般分为裸露砒砂岩沟壑亚区、裸露砒砂岩岗状亚区、覆土砒砂岩沟壑亚区、覆沙砒砂岩沟壑亚区、覆沙波状高平原区，其坡度分布和沟壑密度见表 3-7 和表 3-8[53,54]。从表 3-7 可见，裸露砒砂岩沟壑亚区和裸露砒砂岩岗状亚区占总砒砂岩面积的 54%。其中裸露砒砂岩沟壑亚区的坡度主要集中在 7°～25°，其分布面积占裸露砒砂岩沟壑亚区面积的 59.3%；裸露砒砂岩岗状亚区的坡度主要集中在 3°～10°，其分布面积占裸露砒砂岩岗状亚区面积的 78.6%；覆土砒砂岩沟壑亚区的坡度主要集中在 7°～25°，其分布面积占覆土砒砂岩沟壑亚区面积的 64.7%；覆沙砒砂岩沟壑亚区的坡度主要集中在 3°～10°，其分布面积占覆沙砒砂岩沟壑亚区面积的 63%；覆沙波状高平原区的坡度主要集中在 1°～7°，其分布面积占覆沙波状高平原区面积的 90%。相对来说，覆沙波状高平原区的坡度较为平缓些，其余坡度则基本为陡坡坡面。全区平均坡度主要集中在 3°～10°，其面积占全区面积的 63.2%，基本属于中等坡度坡面，较陡坡面 15°～25°及大于 25°的坡面面积占到全区面积的 23.4%。从表 3-8 可看出，裸露砒砂岩沟壑丘陵亚区沟壑密度最大，达到 24.8 km/km²，覆沙砒砂岩丘陵沟壑亚区沟壑密度最小，约是 6%，平均沟壑密度约为 10.3 km/km²。从表 3-9[53,54]可看出，平均切割裂度在 22.1%～36%，除覆沙砒砂岩波状高平原区外，其余几个区的平均切割裂度均值达到了 29.6%。砒砂岩区主要三类土壤理化及抗蚀特征见表 3-10[53,54]，从表中可见，砒砂岩区的三种土壤类型的有机质平均仅为 0.443%，N、P、K 的含量也非常低，不利于植物的生长。

表 3-7　砒砂岩坡度分布

坡度分级	分区										全区	
	裸露砒砂岩沟壑亚区		裸露砒砂岩岗状亚区		覆土砒砂岩沟壑亚区		覆沙砒砂岩沟壑亚区		覆沙波状高平原区			
	面积/km²	比例/%	面积/km²	比例/%	面积/km²	比例/%	面积/km²	比例/%	面积/km²	比例/%	面积/km²	比例/%
<3	116	6.2	308	7	202	7.7	203	21.3	736	40	156.5	13.4
3~7	263	14	1 136	25.8	505	19.2	276	28.9	920	50	3 100	26.5
7~10	480	25.7	2 317	52.8	976	37.2	326	34.1	184	10	4 283	36.7
15~25	627	33.6	538	12.1	72.5	27.5	108	11.3			1 993	17.1
>25	382	20.4	103	2.3	214	8.21	42	4.4			741	6.30

表 3-8　砒砂岩区沟壑密度数量结构表

分　区		分　级				沟壑密度/(km/km²)
		<2	2~4	4~6	6~8	
裸露砒砂岩沟壑丘陵亚区	面积/亩	93	86	162	1 064	24.8
	比例/%	4.9	4.6	8.7	60	
裸露砒砂岩沟岗状丘陵亚区	面积/亩	242	1 681	2 230	152	2.2
	比例/%	5.5	38.2	50.7	3.4	
覆土砒砂岩丘陵沟壑亚区	面积/亩	66	618	890	312	9
	比例/%	2.5	23.6	33.9	31	
覆沙砒砂岩丘陵沟壑亚区	面积/亩	81	617	173	83	6
	比例/%	3.5	64.6	18.5	8.4	
覆沙砒砂岩波状高原区	面积/亩	1 840				
	比例/%	100				
平均		—	—	—	—	10.3

表 3-9　切割裂度

分区		分级					平均切割裂度/%
		<10%	10%~30%	30%~40%	40%~50%	>50%	
裸露砒砂岩区沟壑亚区	面积/亩		131	208	813	716	36
	比例/%		7	11.2	43.5	38.3	
裸露砒砂岩区岗状亚区	面积/亩	288	2 168	1 216	526	204	27.8
	比例/%	6.5	49.2	27.7	12	4.5	
覆土砒砂岩沟壑亚区	面积/亩	86	236	712	974	614	31.1
	比例/%	3.3	9	27.2	37.1	23.4	
覆沙砒砂岩沟壑亚区	面积/亩	68	517	146	126	98	22.1
	比例/%	7.1	54.1	15.3	13.2	10.3	
覆沙砒砂岩波状高平原区	面积/亩	1 513	327				
	比例/%	82.2	17.8				
合计/均值	面积/亩	1955	3 374	2 282	2 439	1 632	29.6
	比例/%	16.7	28.9	19.5	20.9	14	

表 3-10　砒砂岩区主要三类土壤理化及抗蚀特征

土壤类型	砒砂岩类土	黄土土类	风沙土土类
>0.25 mm 粗沙含量/%		3.0~7.5	13.4~47.6
0.25~0.05 mm 含量/%	33.5~75.9	38.9~79.0	47.0~73.3
<0.05 mm 含量/%	7.5~10.4	6.0~15.2	2.5~6.3
中数粒径/mm	0.035~0.19	0.016~0.10	0.1~0.24
土壤质地	中壤—沙壤	轻沙—沙壤	粒壤—沙
密度/（g/cm³）	1.41~1.53	1.25~1.41	1.5
土壤结构	块状、片状、粒状	粒状、块状	无结构
密实程度	通体较紧	上表松散 下层紧密	通体松
稳定渗透系数/（m/d）	0.7	1.0~1.3	2.3
水中崩解速度 体积为 5 cm×5 cm×5 cm	泥质岩土 沙质岩土 <30′5″	细黄土 沙黄土 <3′1″	
有机质/%	0.44	0.67	0.22
pH	8.3	8.0	8.58
N/（mg/kg）	35	29	30
P$_2$O$_5$/（mg/kg）	1.9	2	2.6
K$_2$O/（mg/kg）	60	86	88

3.3.2 土壤侵蚀基本特征

砒砂岩地区土壤侵蚀的基本因素取决于所处的环境、岩性、地貌形态和植被。研究表明[47;83]，砒砂岩区水土流失以冻融风化侵蚀和重力侵蚀为主，且存在着特殊的风水两相侵蚀产沙机制，冻融风化侵蚀主要发生在冬春季，风向多与沟道垂直或高角度相交。根据郭廷辅[87]给出的土壤侵蚀强度分级指标对照，该区属强烈水蚀、冻融、风力侵蚀区，具有以下基本特征。

（1）顶坡面侵蚀量小

裸露砒砂岩区由于强烈的水蚀、冻融、风力侵蚀，使沟间地缩小，梁峁缘线和沟谷缘线没有明显的差别。特别是支毛沟头沟谷坡顶凹凸不平，几乎是伞状的两个平行的分水岭形态，没有明显的坡面，只有沟缘线和沟谷坡脚线，且顶坡面由大颗粒物质覆盖，不论是水蚀还是风蚀，由于粗颗粒对细颗粒的隐蔽作用，产沙量甚少，金争平[54]给出黄甫川流域的测验结果为11%，说明顶坡面产沙量大体上只占总沙量的10%左右。

（2）谷坡面是侵蚀产沙的主体部位

据毕慈芬[65,66]研究，沟谷坡表面每年以平均 0.52 cm 的速率从谷坡面剥蚀撒落或移动到沟谷坡脚形成裙状堆积体，这是在没有径流的条件下产生短距离的大量土壤位移，是冻融风化动力作用的结果。这种裙状堆积体也构成了沟道高含沙水流的搬运物质，这就形成了砒砂岩区独特的土壤侵蚀现象，即非径流冻融风化侵蚀，顶坡面、沟谷坡面和沟谷坡脚、坡裙堆积物产沙量的分配比例分别为10%、60%和30%。为此，研究砒砂岩区土壤侵蚀的产沙类型、过程、机制、面蚀与沟蚀，暴雨侵蚀与非径流侵蚀，风力侵蚀及其相互关系和交错配置，就成为后期建立该区土壤侵蚀物理模型的基础，而且是寻找有效控制土壤侵蚀与水土流失治理技术的关键。

砒砂岩区的土壤侵蚀以沟蚀为主，形成了一个有机的土壤侵蚀系统。对裸露砒砂岩区水力侵蚀只是起刻沟和搬运沟谷坡面冻融膨胀的松散物质和沟谷坡脚坡裙堆积物质，即非径流产沙，因而该区的输沙主要是以暴雨径流输运为主。冻融侵蚀是土壤侵蚀的主要形式，决定着土壤侵蚀量的大小。风力和重力侵蚀只是对冻融侵蚀物质起加速、剥蚀、脱落的作用。人类活动是以乱牧滥垦为主，发生在顶坡面和谷坡面，对植被产生毁灭性的破坏作用。而对比覆沙、覆土砒砂岩区的产沙有所不同。覆沙区在暴雨降落后迅速入渗，不产生沟道泥沙或产沙很少。覆土砒砂岩区随覆土的深度不同而异。覆土部分产沙规律如黄土丘陵沟壑（一）副区的特点，而覆土下的砒砂岩仍遵循上述砒砂岩区的产沙规律。由于这里覆土较浅，为此产沙量变化与裸露区相差不大，因为下部砒砂岩产沙后，使覆土不稳定，以崩塌的形式产沙。这种产沙从时间看是不连续的、随机的，从崩塌量看是不容忽视的。

（3）沟床侵蚀严重

沟床侵蚀是有先决条件的，即暴雨径流搬运顶坡面泥沙，接着再搬运沟谷坡疏松泥沙，最后搬运沟谷坡脚坡裙泥沙堆积物质。从分水岭至沟谷坡脚进入主沟道，一方面汇流量沿程增大；另一方面，水流容重不断加大，这就使得水流单宽功率沿程增大，如果还有富余功率，则必然会发生沟床下切和沟谷壁淘刷。究竟是否冲刷取决于水流单宽功率大小，单宽功率为$\gamma_s qJ$，其中γ_s是水流的浑水容重，q是单宽流量，J为沟床比降。

（4）风力侵蚀严重

砒砂岩地区的风力侵蚀也是非常剧烈的，以吹蚀为主，主要发生在每年 10 月至次年 5 月，其中短距离的吹蚀表现为对沟谷坡面上冻融风化疏松层的吹蚀剥落，主要是以坡面吹蚀为主。该区被沙漠环抱，又正对着不可改变的地貌缺口，且顶坡面上布满大量的农耕地，加之过度放牧，每年冬春大风季节，特别是发生沙尘暴时，沿着风向在大气中形成远距离弥漫性扩散。除河北省坝上地区以外，这里就是产生沙尘暴的第二来源地。近几年来沙尘暴已漂移过海向日本、韩国等地扩散，有愈演愈烈之势。

3.3.3　沟谷坡面非径流侵蚀特征

砒砂岩区产沙主要集中在沟壑，如前所述，根据笔者与毕慈芬的观察，西召沟小流域沟谷产沙量占总产沙量的 90%，而冻融风化等引起的风蚀非径流产沙量也占沟谷产沙量的 90%，其中大部分为风力在沟谷的产沙量，小部分为流域面上风力搬运的泥沙在沟谷的堆积量。针对砒砂岩区水土流失的特点和危害，1995 年黄河中上游管理局在西召沟小流域开始种植沙棘，基于此，笔者们研究了沙棘在拦沙、缓洪、削峰和恢复生态等方面的作用，后又对沙棘在冻融、风化、侵蚀方面的作用也进行了一些有益的探讨。

在前期试验资料的基础上，结合笔者 2005—2011 年长达 6 年的野外试验和调查资料，进一步确证了砒砂岩地区产沙主要集中在沟壑的事实。特别要说明的是：绝大多数泥沙来自支毛沟头的沟谷坡面，并具有非径流产沙的特点。这里的非径流产沙主要是由于冻融风化动力作用而引起的，冻融风化不同于通常笼统所说的水力侵蚀，二者是有区别的。因此，弄清楚非径流产沙和暴雨径流产沙的数量、部位、时序、方式和产流产沙及汇流过程中各自的特征、作用和相互影响，就成为分析砒砂岩地区产沙输沙的关键问题，为此我们专门布设了非径流产沙小区进行观测，对冻融侵蚀厚度和非径流坡裙堆积物质进行了测量，为分析该区土壤侵蚀特征提供了基础资料。

砒砂岩区由于气温变差大、封冻时间长，受西伯利亚季风影响，冬季受蒙古高压控制，盛行偏北风，气候干燥寒冷，降雨偏少，冬春季日较差 12℃，最大 15℃，最低气温–30℃。夏季西太平洋副热带高压增强，暖湿气团进入该区，最高气温达 38℃，这加剧了冻融侵蚀和暴雨的形成。为此，每年从 10 月就开始出现大风，开始封冻，直至次年 5 月左右开始消融，集中消融历时 1 个月左右，这样长达 8 个月的北风寒冷气候恰是砒砂岩区冻融风化侵蚀的主要诱因。

（1）冻融风化侵蚀厚度观测

观测地点：①西召沟试验区的东一支沟沙棘植物"柔性坝"试验区，2005 年 8 月选择了 5 个调查点，主沟道 3 个，左右支沟各 1 个。测量方法是用手轻轻扒掉表层冻融风化物质至坚硬砒砂岩处，直接用钢尺量测冻融风化层厚度，用此法分别对沟谷坡的阴面、阳面两岸进行测量，然后取其平均值。② 在西召沟主沟沟头选择产沙量较大的东三支沟，东五支沟和东六支沟。布设 4 个小区进行冻融风化厚度测量，其中东六支沟包括阴、阳两个坡面。4 个小区几何特征见表 3-11。③在西召沟主沟道选择东五支沟、东六支沟、东八支沟和东一支沟，用于小流域坡裙冻融风化侵蚀量的观测。

表 3-11　冻融风化侵蚀厚度观测小区规格

测区编号	测点所在支沟	斜坡长/m	宽度/m	面积/m²
1	东三支沟	20.4	12.5	255
2	东五支沟	44.0	15.0	660
3	东六支沟阴坡	52.0	15.0	780
4	东六支沟阳坡	52.0	15.0	780

（2）冻融风化侵蚀厚度观测结果及分析

根据观测资料，西召沟东一支沟冻融风化侵蚀厚度 1998 年 4 月测量结果见表 3-12。表 3-12 给出蓝色、紫红色相互间层的砒砂岩冻融风化厚度较大，其中蓝色最大为 6.5 cm，黄色砒砂岩最小为 2.2 cm，平均为 5.1 cm。

西召沟东三、东五、东六支沟冻融风化侵蚀厚度观测点沟道的基本特征见表 3-13。

表 3-12 东一支沟冻融风化侵蚀厚度

地点	测点编号	冻融层厚度/cm	岩石颜色
东一支沟	1	6	紫红色砂泥岩
	2	5	白色粉泥岩
	3	2.2	黄色砂泥岩
	4	6	紫红色砂泥岩
	5	6.5	蓝色砂泥岩
	平均	5.1	

表 3-13 西召沟东三、东五、东六支沟沟道基本特征值表

		沟道面积/m²	沟道长度/m	沟道宽度/m	沟道深度/m	沟道比降/%	沟谷坡度/m	沟缘线长度/m	岩石颜色
东三支沟	上游	0.06	130	12.0	25	13.1	18	3 600	紫红色
	中游			12.3	28		20.3		
	下游		260	5.8	14	5.6	24.3		
东五支沟	上游	0.067	172	5.2	16	23.3	22.3	720	灰蓝色、紫红色相间
	中游			14.0	33		24.4	370	
	下游		303	10.1	18	4.6	17.2	255（1 345）	
东六支沟	上游	0.05	160	12.3	30	25.0	26.5	451	上部紫红色
	中游			12.0	38		29.1	368	
	下游		212	10.0	28.5	6.1	29.5	128（947）	大部分为灰色
平均		0.059	166	9.3	25.6	12.95	23.5	1 964	

注：括号中的数字是支沟上游、中游、下游沟缘线长度的和。

表 3-13 表明，冻融风化小区中紫红色、紫红与灰蓝色相间的砒砂岩沟谷坡，产沙量最大，三条沟位于西召沟左岸，面积大致相同，平均为 0.059 m²。沟道长变化在 130～303 m，平均 166 m。沟道宽度变化在 5.2～14 m，平均 9.3 m。沟道深度变化在 14～38 m，平均 25.6 m。沟道比降在 5.6%～25%，平均 12.95%，沟谷坡度变化在 17.2～29.5°，平均 23.5°。沟缘线长度变化在 128～3 600 m，平均1 964 m。3 条支沟冻融风化侵蚀厚度见表 3-14（1999.11—2002.4），测量方法是：观测钢钉露出地表的距离，之所以用手扒开地表以下的松动冻融层，是因为只要手一动，钢钉周围就会有成片碎屑岩脱落，从而会影响观测结果。

表 3-14　西召沟东三、东五、东六支沟冻融风化侵蚀厚度　　　单位：cm

时间	测点				平均
	1	2	3（阴坡）	4（阳坡）	
1999.11	1.75	2.08	2.00	1.25	1.77
2000.9	1.65	3.00	1.83	3.25	2.43
2001.12	2.08	4.33	2.75	3.00	3.07
2002.4	1.85	3.25	2.00	2.35	2.36
平均	1.83	3.17	2.15	2.38	2.40
修正后平均值+5.2 cm	7.03	8.37	7.35	7.58	7.60

从表 3-14 可看出，冻融风化层厚度以东五支沟 2 号小区最大，平均为 3.17 cm，2001 年 12 月出现最大值，为 4.33 cm，相当于平均值的 1.8 倍。东六支沟 4 号小区 1999 年 11 月出现最小值，为 1.25 cm，相当于平均值的 52%，相当于最大值的 29%。以东三支沟 1 号小区测量值最小，为 1.83 cm，相当于平均值的 76%，相当于最大值的 42%。东六支沟阴、阳坡差值不大，前者平均值为 2.15 cm，后者为 2.83 cm，相差 0.65 cm，与 4 个小区四年测量的平均值接近。由于该观测值仅读出露在地表以上的钢钎数，为了与 1998 年 4 月的值进行对比，我们对冻融风化层厚度的平均值进行了修正，即各加上 5.2 cm，原因是 1998 年 4 月测量时，用手轻轻扒去表层，这个表层的平均厚度约为 5.2 cm。这样一处理，则 4 个冻融风化小区年冻融风化层的平均厚度分别为 7.03 cm、8.37 cm、7.35 cm、7.58 cm，平均值是 7.60 cm，可以看出以泻溜方式剥落的冻融风化层的厚度占年总侵蚀厚度的 30%。2001 年 12 月东五支沟 2 号小区最大土壤侵蚀厚度为 9.53 cm，1999 年 11 月东六支沟 4 号小区最小土壤侵蚀厚度为 6.45 cm。该值与金争平 1988—1989 年在皇甫川流域布设小区观测沟坡表层风化层厚度的结果 5～10 cm[54]基本一致。

（3）沟谷坡非径流产沙量调查与观测

冻融风化侵蚀量的观测，主要是指裸露砒砂岩区小流域支毛沟非径流侵蚀量，即从谷坡面撒落在沟谷坡脚的坡裙堆积物而言，包括 3 级、4 级、5 级以上全部支毛沟，从大量的沟道产沙调查来看，我们认为：对一条 20 km² 小流域、黄河三级支沟来讲，砒砂岩的产沙绝大部分集中在小流域沟头的支毛沟沟谷坡。流域顶坡面由于数千年的风力、水力侵蚀，细颗粒基本已冲刷无几，仅有的细颗粒也在粗颗粒的保护下隐蔽着，粗颗粒的隐蔽作用是很明显的。

1）观测沟道的选择

选择西召沟 1# 骨干工程以上的东五、东六、东八三条支沟和 1# 骨干工程以下的东一支沟进行测量，原因是这 4 条支沟中的东五、东六、东八三条支沟位于西召沟小流域的上游，即沟头部位。东一支沟处于西召沟小流域的中游，是砒砂岩区沙棘植物"柔性坝"试验区，根据测量结果，不仅可以看出上中游冻融风化侵蚀量的差别，而且还可以检验沙棘植物"柔性坝"的拦沙效果。经过对比分析，可以说明在有无沙棘植物"柔性坝"时沟道产沙输沙量的变化，据此可以反映出沙棘柔性坝的拦沙作用。

2）沟缘线位置的确定

沟缘线延伸的长短，决定着沟谷坡坡面的大小。我们在现场看到，对相同的沟道长度，存在着各种沟缘线长度，这与沟缘线股流侵蚀的细沟道的条数、岩石性质有关。另外，同样的沟长对应沟谷坡面积的大小不等，为此，首先要确定沟缘线的位置。

黄土高原的土壤侵蚀以沟蚀为主，这有别于美国和其他国家的土壤侵蚀。因此，黄土高原土壤侵蚀量和危险地的预报不能直接搬用美国的通用水土流失方程（USLE），必须建立黄土高原自己的以沟蚀为主的土壤侵蚀通用方程，才能较准确地确定预报方程式的各种参数值，或者在美国通用水土流失方程的基础上，按黄土高原土壤侵蚀的实际情况进行修正，因为黄土高原以沟蚀为主，美国通用土壤流失方程以面蚀为主[88-90]。我国学者[12,17,53]针对黄土高原的情况，进行过许多研究，一般是用沟壑密度为标准，因为沟壑密度表示着沟壑水系发育的程度。目前，用于沟蚀的几个主要指标是沟壑密度（km/km²）、切割裂度（°），或每平方千米的沟道条数（条/km²）。根据在砒砂岩区的调查，我们认为砒砂岩区的产沙主要是在沟谷坡，而且谷坡产沙量与两岸沟谷坡的面积、冻融风化侵蚀的厚度有密切关系。为了尝试建立单位长度侵蚀量的预测方程，可用沟缘线长度和沟谷坡脚线长度之和的平均值作为指标。为此，专门进行了沟缘线包围下的沟缘线长度和沟谷坡脚线长度测量。

在裸露砒砂岩区，沟谷坡和梁峁坡没有明显的分界线，由于坡度均大于 30°以上，不可能在梁峁坡修筑梯田，非径流产沙又是从沟谷坡最上层的沟缘线开始至沟谷坡脚的，故把沟谷坡与梁峁统称为沟谷坡。

3）观测内容

首先把所选支毛沟按地形比降，划分为上、中、下游三段，然后测量沟缘线长度、沟谷坡脚线长度，冻融风化沟谷坡面积，沟缘线以上沟谷坡顶流域坡面面积、沟道长度、沟道宽度、沟道比降、沟谷坡度、沟谷坡长；在测量过程中分别按支毛沟上、中、下游估算出非径流坡裙物质产沙量的数值，以便分析沿沟道水流方向非径流产沙数量的空间分布。

4）测量方法

由于冻融风化侵蚀物质堆积在沟谷坡脚，呈松散堆积体。一般情况下，为锥体堆积和长锥体堆积，如图 3-9、图 3-10 所示。

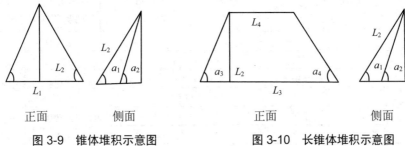

正面　　　　　　　侧面　　　　　　　　　正面　　　　　　　　侧面

图 3-9　锥体堆积示意图　　　　　图 3-10　长锥体堆积示意图

堆积物的体积为锥体体积与砒砂岩体积之差。需要具体测量堆积体的倾斜坡度、倾角、堆积体与砒砂岩接触的上、下沿线长度，以计算锥体体积。沟缘线与沟谷坡脚线采用测绳测量。由于沟谷坡面积和沟谷坡顶面积的形状不规则，凹凸不平，一般是将面积分为三角形、四边形、梯形等，然后分块测量，最后累加计算面积。采用量角器测量坡度，采用测绳测量沟谷坡长度、沟道长度和宽度，采用全站仪测量沟道比降。

5）非径流产沙量结果分析

按照上述测量方法对选定西召沟的东五、东六、东八和东一支沟进行了测量，测量结果见表 3-15。

从表 3-15 可看出：① 1#骨干工程以上的东五支沟、东六支沟、东八支沟沟谷坡面积分别占沟顶坡、沟谷坡和沟床三部分面积之和的 22%、75%、33%，由此可见，沟谷坡面积在支毛沟头中所占比例较大。②东一支沟沟谷坡面积，仅占流域面积的 1.7%，说明流域中游支沟沟头沟谷坡的比例较小。

图 3-11 是 4 条支沟沟谷坡面积与冻融风化侵蚀量的关系图。从图 3-11 可以看出，冻融风化侵蚀量与沟谷坡面积大致呈线性关系（这里仅是数值上的关系，暂不考虑量纲是否和谐），经验关系式如下：

$$A_{谷坡}=25\ 500+75G_2 \tag{3-1}$$

式中：$A_{谷坡}$——支沟谷坡面积，m^2；

G_2——冻融风化侵蚀量，m^3。

表 3-15　西召沟沟谷坡脚冻融风化侵蚀测量　　　　　单位：m³

测量部位	支沟名称 岩石 性质	东五支沟 灰蓝紫色砂岩	东六支沟 下部灰色、上部紫色砂岩、左部黄色砂岩	东八支沟 右部灰色、左部黄色砂岩	东一支沟 下部粉色砂岩
上游	*a*	340	159	211	20
	b	720	451	550	2 870
	c	406	300	448	1 397
	d	36 200	27 005	34 000	12 819
	e	6 700	5 084	15 900	68 300
	f	53	47	49	
中游	*a*	73	42	45	13
	b	370	368	930	1940
	c	309	404	265	1 508
	d	10 860	4 634	8 600	10 344
	e	5 200	4 336	1 700	88 790
	f	48	53	43	
下游	*a*	33	9	21	5
	b	255	128	476	920
	c	301	107	207	550
	d	7 500	4 559	7 600	4 410
	e	1 100	1 668	500	133 185
	f	47	53	50	

注：*a*—冻融风化侵蚀量，m³；*b*—沟缘线长，m；*c*—沟谷坡脚线长，m；*d*—沟谷坡面积，m²；*e*—沟谷坡顶坡面积，m²；*f*—坡长，m。

上式计算误差见表 3-16。

表 3-16　经验关系式（3-1）的相对误差

名称	G_2/m³	$A_测$/m²	$A_实$/m²	$\Delta = A_实 - A_测$/m²	误差=$\Delta/A_实 \times 100\%$
东五支沟	446	58 950	54 550	−4 400	−8.066
东六支沟	210	41 250	41 198	−52	−0.126
东八支沟	277	46 275	50 200	+3 925	+7.819
东一支沟	38	248 350	27 573	−777	−2.818

　　东五支沟和东八支沟的误差值稍大些，原因可能是东五支沟和东八支沟岩石性质不同，东五支沟是较易风化的灰蓝和棕红相间的砂岩互层，而东八支沟是灰

色、黄色相间的较难侵蚀的砂岩。4 个沟不论是什么性质的岩石，但其误差都没有超过 10%，这说明冻融风化侵蚀量与沟谷坡面积在数值上基本呈线性比例关系。

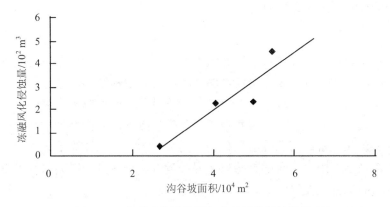

图 3-11 支沟沟谷坡面积与冻融风化侵蚀量关系

（4）冻融风化侵蚀量在支沟上、中、下游的分配比例

根据表 3-15 得到的上、中、下游冻融风化侵蚀量占沟道侵蚀量分配比，见表 3-17。

表 3-17 支沟不同部位冻融风化侵蚀量占总侵蚀量的百分比

	① 总产沙量/ m³	② 上游产 沙量/m³	③ （②/①）/%	④ 中游产 沙量/m³	⑤ （④/①）/%	⑥ 下游产 沙量/m³	⑦ （⑥/①）/%
东五支沟	446	340	76.2	73	16.4	33	7.4
东六支沟	210	159	75.7	42	20.0	9	4.3
东八支沟	277	211	76.2	45	16.2	21	7.6
平　均	—	—	76.1	—	17.5	—	6.4
东一支沟	38	20	52.6	13	34.2	5	13.2

从表 3-17 可以看出，虽然因岩石性质不同导致的产沙量不同，但上、中、下游冻融风化侵蚀量占整个沟道产沙量的百分比具有相同的变化规律，即从上游到下游这一百分比是减小的，说明产沙量主要集中在上游，即在沟头处。上、中、下游产沙量占总产沙量的平均分配百分数为 76.1%、17.5%、6.4%，这一分配比例可以作为估算沟谷坡非径流土壤侵蚀的分配标准或分配模数。

从表 3-17 可以看出，东一支沟是砒砂岩地区沙棘植物"柔性坝"试验研究的布设沟段，上游产沙量只有 20 m³，占总产沙量 38 m³ 的 52.6%，这说明经过几年的试验，沟谷壁产沙已基本得到控制。

3.3.4 冻融风化侵蚀模型的建立

（1）小流域上、中、下游冻融风化侵蚀模数比例模型

根据以上分析，若以砒砂岩区小流域沟道上、中、下游冻融风化侵蚀量占整个沟道总产沙量的百分比表示沟道坡面冻融风化侵蚀模数，并假定其为一不变值。则对于一个小流域，首先以某一颜色砂岩的冻融风化侵蚀模数为基础，可以通过实测计算出其他不同颜色砒砂岩相对于该种颜色砒砂岩的比例系数，从而计算出其他不同种类颜色砒砂岩的冻融风化侵蚀模数，接着可以计算出各支沟侵蚀量，再根据小流域上、中、下游的冻融风化侵蚀量占总产沙量比例关系，可以计算出整个小流域的冻融风化侵蚀量。

（2）小流域单元化

对于一个小流域，根据流域内支沟的数量或密度，可以将该流域划分为上、中、下游，选取上、中、下游为基本单元。将单元内的任一支沟（原小流域的一级支沟）看作一个支沟次小流域，根据该支沟次小流域内毛沟的数量或密度将该支沟次小流域划分为上、中、下游，将这些上、中、下游作为小单元。这样，就实现了小流域的单元化。小单元内的坡面分为沟谷冻融风化坡面和非风化坡面，在此只对沟谷冻融风化坡面模型的建立进行讨论。

（3）冻融风化侵蚀模型的建立

设某一小流域沟道是由 n 条支沟构成，对应有 n 种不同颜色的冻融风化砒砂岩，现以某一颜色的砒砂岩支沟次小流域为基础，设其上、中、下游三个小单元的冻融风化侵蚀模数分别为 w_1、w_2、w_3，第 i 种颜色砒砂岩支沟相对于该指定颜色风化砒砂岩支沟侵蚀模数的比例系数为 α_i，若上、中、下游三个小单元的冻融风化侵蚀模数分别为 w_{1i}、w_{2i}、w_{3i}，则该种颜色砒砂岩支沟的侵蚀模数满足：$w_{1i}=\alpha_i w_1$、$w_{2i}=\alpha_i w_2$、$w_{3i}=\alpha_i w_3$。若第 i 种颜色砒砂岩沟有 m_i 条，每条沟的侵蚀模数都相等，其中第 j 条沟的上、中、下游冻融风化坡面面积分别为 S_{1ij}、S_{2ij}、S_{3ij}。则第 i 种颜色砒砂岩沟的冻融风化侵蚀量 E_i 为：

$$E_i=\sum_{j=1}^{m_i}(W_{1i}S_{1ij}+W_{2i}S_{2ij}+W_{3i}S_{3ij})=\alpha_i\sum_{j=1}^{m_i}(W_1S_{1ij}+W_2S_{2ij}+W_3S_{3ij}) \quad （3\text{-}2）$$

则基本单元的冻融风化侵蚀量为 E_l（$l=1,2,3$）：

$$E_l = \sum_{i=1}^{n} E_i \qquad (3\text{-}3)$$

根据上面分析，由于砒砂岩区沟道上、中、下游冻融风化侵蚀量占总量的百分比为 β_l（l=1，2，3），则小流域冻融风化侵蚀总量 E 估计式为：

$$
\begin{aligned}
E &= \sum_{l=1}^{3} \beta_l E_l = \sum_{l=1}^{3} (\beta_l \sum_{i=1}^{n} E_i) = \sum_{l=1}^{3} \left[\beta_l \sum_{i=1}^{n} \alpha_i \sum_{j=1}^{m_i} (W_1 S_{1ij} + W_2 S_{2ij} + W_3 S_{3ij}) \right] \\
&= \sum_{l=1}^{3} \sum_{i=1}^{n} \sum_{j=1}^{m_i} \beta_l \alpha_i (W_1 S_{1ij} + W_2 S_{2ij} + W_3 S_{3ij})
\end{aligned} \qquad (3\text{-}4)
$$

式中，α_i——第 i 种颜色砒砂岩沟相对于指定颜色支沟沟道侵蚀模数系数；

β_l——支沟上游冻融风化侵蚀量占总量的百分比。

根据我们的经验，一般地，β_1，β_2，β_3 的值差异不大，为简化计算，可近似取 $\beta_1 = \beta_2 = \beta_3$。

（4）上、中、下游单位长度沟缘线和沟谷坡脚线冻融风化侵蚀量比例模型的建立

仿照小流域冻融风化侵蚀模型的建立方法，可类似地建立上、中、下游单位长度沟缘线和沟谷坡脚线冻融风化侵蚀量比例模型。设某一小流域基本单元（如上游单元）内有 n 种不同颜色的风化砒砂岩沟。以某一颜色的砒砂岩沟为基础，其上、中、下游三个小单元的单位沟缘线与沟谷坡脚线之和的侵蚀量为 p_1、p_2 和 p_3。第 i 种颜色砒砂岩沟相对于该指定颜色风化砒砂岩沟单位沟缘线与沟谷坡脚线之和的侵蚀量的比例系数为 α_i，在上、中、下游三个小单元的单位沟缘线与沟谷坡脚线之和的侵蚀量为 p_{1i}、p_{2i}、p_{3i}，则该颜色砒砂岩沟单位沟缘线与沟谷坡脚线之和的侵蚀量为：$p_{1i} = p_1 \alpha_i$、$p_{2i} = p_2 \alpha_i$、$p_{3i} = p_3 \alpha_i$。第 i 种颜色砒砂岩沟有 m_i 条，假定每条沟的单位沟缘线与沟谷坡脚线之和的侵蚀量都相等，其中第 j 条沟冻融风化坡面沟缘线与沟谷坡脚线之和分别为 L_{1ij}、L_{2ij}、L_{3ij}。

则第 i 种颜色砒砂岩沟的冻融风化侵蚀量 E_i 为：

$$E_i = \sum_{j=1}^{mi} (P_{1i} L_{1ij} + P_{2i} L_{2ij} + P_{3i} L_{3ij}) = \alpha_i \sum_{j=1}^{mi} (P_1 L_{1ij} + P_2 L_{2ij} + P_3 L_{3ij}) \qquad (3\text{-}5)$$

则基本单元的冻融风化侵蚀量为 E_h（h=1，2，3）：

$$E_h = \sum_{i=1}^{n} E_i \qquad (3\text{-}6)$$

根据上面分析，由于砒砂岩区沟道上、中、下游冻融风化侵蚀量占总量的百

分比近似设为定值，设该百分比为 β（相当于令 $\beta_1=\beta_2=\beta_3=\beta$）。则小流域冻融风化侵蚀总量 E 为：

$$E = \sum_{h=1}^{3} \beta\, E_h = \beta \sum_{h=1}^{3}\ \sum_{i=1}^{n} \alpha_i \sum_{j=1}^{m_i} (P_1 S_{1ij} + P_2 S_{2ij} + P_3 S_{3ij})$$

$$= \beta \sum_{h=1}^{3}\ \sum_{i=1}^{n}\sum_{j=1}^{m_i} \alpha_i (P_1 S_{1ij} + P_2 S_{2ij} + P_3 S_{3ij})$$

（3-7）

综上所述，在西召沟小流域进行的小流域冻融风化侵蚀量实测资料的基础上，可以得出：①砒砂岩区土壤侵蚀的基本规律；②非径流冻融风化侵蚀厚度以及该侵蚀厚度与岩石性质的关系（即砒砂岩颜色），以被当地群众称为"羊肝石"的紫红色和红棕色砒砂岩最易侵蚀，侵蚀厚度也最大，产沙量也最大，粉红色砒砂岩次之，灰色和黄色砒砂岩侵蚀相对较小；③以顶坡面、沟谷坡面、沟床底面积之和作为计算的总面积，3 部分面积分别占总面积的 22%、75%、3%；④根据小流域实测资料进行分析后得出沟谷坡冻融风化侵蚀量与沟谷坡面积近似成正比，与线性模量也近似成正比，并给出线性模量关系式，说明沟缘线越长，非径流侵蚀量越大；⑤计算得出，小流域上、中、下游冻融风化土壤侵蚀的分配比例分别为 76.1%、17.5% 和 6.4%，说明侵蚀主要集中在支毛沟头，支毛沟头是土壤侵蚀的关键部位；⑥从一个剖面看，顶坡面、沟谷坡面和坡脚处（坡裙堆积松散物质）3 个部位的产沙量占总产沙量的比例分别为 10%、60%、30%。⑦砒砂岩区土壤侵蚀和输沙特征是以非径流土壤侵蚀为主，以沟壑股流为动力核心，以暴雨径流输运泥沙为主。⑧初步粗略地建立了小流域上、中、下游冻融风化侵蚀模数比例模型和上、中、下游单位长度沟缘线和沟谷脚线冻融风化侵蚀量比例模型，可用于对非径流冻融风化侵蚀量的粗略预测。

3.3.5 砒砂岩区土壤侵蚀分类系统

结合砒砂岩区的土壤侵蚀特点，按照系统工程的理论，金争平[54]对砒砂岩地区土壤侵蚀分类系统进行了综合分析，考虑暴雨径流和非径流土壤侵蚀的各种特点及产流、产沙、汇流和产汇流的时序，给出了砒砂岩区土壤侵蚀的分类系统图，见图 3-12。

从图 3-12 可看出，土壤侵蚀分两大类型。其一为季节性降雨径流侵蚀，发生在每年 6—9 月，由不产生土壤位移的小雨或者是暴雨前期不产生土壤位移的小雨和暴雨径流侵蚀两部分组成。前一部分不产生土壤侵蚀，只补充土壤水分或形成地下径流。侵蚀以暴雨径流为主，暴雨径流中有一部分直接入渗，也不参加侵蚀。

暴雨径流主要是对顶坡面和沟谷坡的侵蚀。图中分别描述了顶坡面侵蚀和沟谷坡面侵蚀沿时序的侵蚀发展过程以及顶坡面与谷坡面泥沙入流的时序，直至最终形成高含沙水流。另一种是常年性非径流侵蚀，该侵蚀是全年发生，只是每年 10 月至次年 5 月侵蚀量大且较为集中，包括重力、冻融和吹蚀 3 种。侵蚀以冻融侵蚀为核心，加上沟谷坡吹蚀物质等，最终形成短距离的累积非径流沟谷坡脚坡裙堆积物质，为形成长距离高含沙洪水输移提供了前期储备量。其特点是：不论是暴雨径流，还是非径流的侵蚀物质，土壤侵蚀均发生在沟谷坡面上而在顶坡面上吹蚀易形成沙尘暴。另外，可明显看出，主要的土壤侵蚀量产生于沟壑的沟谷坡面，是以非径流的冻融侵蚀为主，重力和风力侵蚀均起短距离内搬运土壤的作用，而暴雨径流，主要是输移动力。从顶坡面——→沟谷面——→沟谷坡脚——→沟床是长距离输移，会冲刷沟床和淘刷沟谷壁，也易形成输移比等于 1 的高含沙洪水，接着在沟道内以推移、跃移、蠕移和悬移的方式沿沟床向下一个干流输移。这同时也表明，小流域产沙集中在支毛沟头的沟谷坡面。该图清晰地描述了砒砂岩区土壤侵蚀的部位、方式、时序、产沙和输沙的关系，以及洪水和高含沙水流的形成过程。

3.4 本章小结

本章在前人研究的基础上，首先介绍了基岩产沙区和砒砂岩区所处的地理位置和气候特征，然后分析了基岩产沙区及砒砂岩区的灾害特征及所引发的环境问题；之后分析了砒砂岩区的土壤侵蚀特征，主要分析了冻融风化侵蚀过程及特征，并建立了砒砂岩区的冻融风化侵蚀基本模型。分析表明，恶劣的自然地理环境和频繁的人类活动是该区土壤侵蚀与生态环境恶化的主要原因。

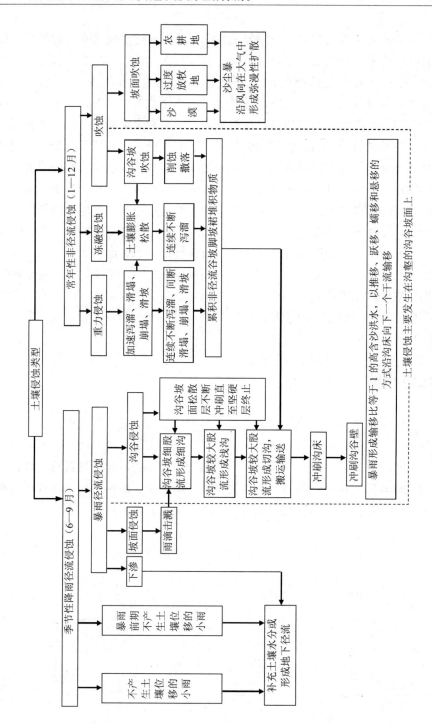

图 3-12 砒砂岩区土壤侵蚀分类系统

4 砒砂岩区产沙特征及输沙机理分析

4.1 砒砂岩区产沙特征

（1）产沙量大

黄河泥沙主要来自河龙区间 20 多条支流，据张仁等[19]统计 1950—1969 年河龙区间平均输沙量为 9.94 亿 t（表 4-1）；陈彰岑[53]指出粗沙集中于延河以北 8 条支流（表 4-2）。8 条支流年输沙量为 4.59 亿 t，为河龙区间总沙量的 46.2%，而砒砂岩区的黄甫川和窟野河年均输沙量为 1.61 亿 t，占 8 条支流总量的 35.1%，占河龙区间总量的 16.2%，其中窟野河产沙量最大的是 1976 年（表 4-3）。

表 4-1 黄河各区各时段年平均实测水沙量

单位：沙量×10^8 t，水量×10^8 m^3

站名	项目	流域面积/km^2	1950—1959 年	1960—1969 年	1970—1979 年	1980—1989 年	1950—1959 年	1970—1979 年	差值
			1#	2#	3#	4#	5#	6#	7#=5#–6#
河口镇	沙量	385.966	1.533	1.790	1.140	0.976	1.660	1.058	0.602
	水量		244.00	267.00	231.00	239.00	255.50	234.90	20.60
龙门	沙量	497.557	11.900	11.300	8.680	4.698	11.600	6.689	4.911
	水量		321.20	336.60	284.60	275.80	328.90	280.20	42.70
华县	沙量	106.498	4.287	4.360	3.840	2.758	4.324	3.299	1.025
	水量		85.490	96.200	59.410	82.100	90.845	70.755	20.090
河津	沙量	38.728	0.699	0.344	0.191	0.045	0.522	0.118	0.404
	水量		17.600	17.900	10.300	7.017	17.850	8.659	9.191
状头	沙量	25.165	0.928	1.025	0.888	0.503	0.977	0.696	0.281
	水量		6.720	10.100	8.350	9.020	8.410	8.680	−0.277
咸阳	沙量	46.856	1.599	1.930	1.400	0.901	1.765	1.151	0.614
	水量		53.970	61.960	36.670	47.240	57.965	41.955	16.010

站名	项目	流域面积/km²	1950—1959 年	1960—1969 年	1970—1979 年	1980—1989 年	1950—1959 年	1970—1979 年	差值
			1#	2#	3#	4#	5#	6#	7#=5#-6#
张家山	沙量	45.373	2.681	2.711	2.596	1.858	2.696	2.227	0.469
	水量		14.40	21.70	17.40	16.68	18.05	17.10	0.995
河口镇龙门	沙量	111.591	10.367	9.510	7.540	3.722	9.940	5.631	4.309
	水量		77.20	69.60	53.60	36.80	73.40	45.30	28.10
龙门、华县河津、状头	沙量	667.948	17.814	17.029	13.599	8.409	17.420	10.800	6.620
	水量		431.01	460.80	362.66	373.94	455.80	358.30	77.5

表4-2　河龙区间各水文站多年平均输沙量、粗泥沙量统计

支流		控制面积/km²	年均输沙量/10⁴ t	年输沙模数/(t/km²)	>0.05 mm 粗泥沙		
河名	站名				年均粗泥沙量/10⁴ t	占总输沙量/%	年输沙模数/(t/km²)
窟野河	温家川	8 645	10 411.57	12 043	6 373.76	61.22	7 373
秃尾河	温家川（二）	3 253	1 790.23	5 503	1 148.88	64.17	3 500
黄甫川	黄甫（二）	3 175	5 668.73	17 854	3 457.80	61.00	10 891
孤山川	高石崖（三）	1 263	2 277.05	18 028	1 181.71	51.89	9 400
无定河	川口（二）	30 217	15 687.50	5 192	8 710.94	55.50	2 883
大理河	绥德	3 893	3 097.87	7 956	1 362.38	43.98	3 500
清涧河	延川	3 464	2 897.84	8 365	1 107.70	38.22	3 200
延河	甘谷驿	5 891	4 067.72	6 897	1 641.51	39.69	2 740
总计	平均	59 801	45 898.51	10 229.75	24 957.68	54.38	5 435.88

表4-3　黄土高原实测晋陕峡谷六条支流输沙量特征值表

流域	测站	年输沙量/10⁸ t	最大五日输沙量		汛期输沙量		最大一日输沙量		年份
			沙量/10⁸ t	占年量的百分比/%	沙量/10⁸ t	占年量的百分比/%	沙量/10⁸ t	占年输沙量/%	
无定河	白家川	1.92	0.64	33.5	1.82	94.9	0.20	10.6	1973
孤山川	高石崖	0.36	0.16	45.2	0.35	99.4	0.12	32.6	1976
皇甫川	皇甫	0.59	0.19	32.2	0.57	97.2	0.18	30.7	1976
窟野河	温家川	2.88	1.80	63.2	2.86	99.4	1.76	61.2	1976
秃尾河	高家川	0.28	0.01	32.1	0.26	87.2	0.05	15.2	1976
延河	甘谷驿	0.47	0.25	52.5	0.44	94.5	0.14	28.7	1976

表4-3 给出延河以北黄河右岸 6 条支流总输沙量为 6.5 亿 t，占河龙区间年均沙

量 9.94 亿 t 的 65.4%，其中窟野河和黄甫川输沙量为 3.47 亿 t，占河龙区间年均输沙量的 34.9%，仅窟野河温家川就达 2.88 亿 t，占河龙区间总输沙量的 29%。

（2）产沙量集中于沟壑

黄土丘陵沟壑区产沙主要集中于沟壑。不同学者从不同角度用不同方法对黄土丘陵沟壑区的沟谷产沙进行研究后，得到相类似的结果，即沟谷与坡面相比，沟谷产沙量为 70%～80%。龚时旸[91]等给出黄河中游地区黄土丘陵沟壑区多年平均侵蚀模数为 10 000 t/km²，并指出沟谷既有水蚀，也有重力侵蚀，平均最高侵蚀模数达 34 500 t/km²。张宝信等[92]通过 ¹³⁷Cs 法测定小流域两次洪峰中沟坡与沟谷的相对产沙量分别为 12%、26% 和 88%、74%。1963 年西北水土保持科学研究所从实测资料中得到沟谷产沙量为 81.6%。陆中臣等[93]根据黄土高原大量的实测资料，包括地质时期的实测资料，通过理论分析计算得到，黄土高原沟壑区、黄土丘陵沟壑区水蚀和重力侵蚀占 70%。华绍祖[47]在分析小流域土壤侵蚀特性时指出，不同地貌类型土壤侵蚀量主要来自沟谷地，侵蚀量占总侵蚀量的 60% 左右。张仁[19]等提出砂砾丘陵区北部东胜—准格尔旗一带沟道产沙量大于坡面产沙量。金争平等[54]在黄甫川五分地沟布设小区，自 1988—1989 年进行测定，结果给出重力侵蚀量平均为 18 985.3 t/km²，占总侵蚀量的 43.3%，10 个砒砂岩小区水蚀和重力侵蚀的总侵蚀模数平均为 32 143.8 t/km²，最高达 73 065.5 t/km²。韩学仕等[64]在研究沙棘治理砒砂岩问题时给出砒砂岩区年侵蚀模数达 20 000 t/km²，严重地区可达 40 000 t/km²。以上学者研究结果均说明在砒砂岩地区产沙量主要来自沟谷。

（3）产沙量集中来自汛期的几场洪水

砒砂岩区产沙主要集中于汛期，而汛期主要集中于洪峰，特别是集中于首场洪水的洪峰中。表 4-3 给出 1976 年窟野河温家川站的实测值。窟野河年输沙量为 2.88 亿 t，其中汛期输沙量为 2.86 亿 t，占总输沙量的 99.4%；最大 5 日输沙量为 1.8 亿 t，占汛期输沙量的 62.9%，占年输沙量的 63.2%；最大一日输沙量为 1.76 亿 t，占汛期输沙量的 61.5%，占年输沙量的 61.2%，占河龙区间年均输沙量的 17.7%。又如黄甫川 1954—1988 年平均输沙为 0.562 亿 t，汛期输沙量 0.533 亿 t，占年输沙量的 98.4%；1979 年，黄甫川年输沙量为 1.47 亿 t，1988 年为 1.22 亿 t，比多年平均年输沙量分别大 1.97～2.6 倍。尤其是在洪峰过程中，涨落峰时段均表现出小水大沙的特性。赵文林[94]给出 1972.7.19、1979.8.10—11、1988.8.4 和 1989.7.21 黄甫川的黄甫和沙圪堵两站的流量与含沙量过程线，也清楚地说明了这一点。

（4）产沙量中粗沙含量多

钱宁[15]就曾指出，黄河下游河床淤积的主要原因是河龙区间的粗泥沙，粗泥沙中主要是大于 0.05 mm 粒径的粗沙。砒砂岩地区由于地质构造的原因，颗粒较粗，景可等[95,96]研究表明，黄甫川、窟野河悬移质泥沙中粗沙含量达 61%（表 4-4）。张仁等[19]根据窟野河产沙地层与悬移质级配曲线，指出砒砂岩区大于 0.05 mm 的粗颗粒约占 85%。王欣成等[97]对窟野河和秃尾河的产沙特性进行了研究，给出了窟野河沙区风成沙与湖相沙颗粒级配组成（表 4-5），从表中可看出湖相沉积沙大于 0.01 mm 的粒径占 89.5%。

表 4-4　河龙区间 13 条支流岩层产粗沙量表

河名	站名	年均输沙量/10⁴ t	年均输粗沙量/10⁴ t	悬移质泥沙中粗沙含量/%	黄土中>0.05 mm颗粒含量/%	悬移质粗粒减黄土粗粒/%	粗沙（d>0.05 mm）产沙量估算		
							黄土	基岩	风沙
黄甫川	黄甫*	5 377.25	3 166.54	61.0	38.1	22.9	1935.15	1 225.17	6.22
窟野河	温家川	10 411.50	6 373.76	61.2	36.0	25.2	3 747.96	2 195.53	430.27
孤山川	高石崖	2 277.05	1 181.71	51.9	25.9	26.0	589.98	540.92	50.81
秃尾河	高家川	1 790.23	1 148.88	64.2	32.1	32.1	574.74	64.27	509.87
佳芦河	申家湾	1 172.93	613.09	52.3	32.1	20.2	376.51	236.58	0
无定河	川口	15 687.50	8 710.94	55.5	33.2	22.3	5 209.49	3 124.95	376.5
清涧河	延川	2 897.84	1 107.70	38.2	25.3	12.9	733.30	374.40	0
延河	甘谷驿	4 067.72	1 614.51	39.7	23.3	16.4	947.81	666.70	0
偏关何	偏关	1 091.98	53.66	46.1	25.0	21.1	305.25	230.41	0
岚漪河	裴家川	661.68	319.33	48.3	25.5	22.8	168.73	150.6	0
湫水河	林家坪	1 652.64	615.11	37.2	33.3	3.9	550.33	64.78	0
三川河	后大成	1 526.21	463.72	32.5	22.0	10.5	313.83	149.89	0
昕水河	大宁	1 338.90	428.63	32.0	22.0	10.0	294.61	134.02	0
总计	总量	49 853.50	26 279.58				15 747.69	9 158.22	1 373.67
	各岩层产粗沙占总粗沙/%						59.9	34.9	5.2

表 4-5　窟野河沙区风成沙与湖积沙颗粒组成　　　　　　　　单位：%

项目		重粒度	粒径/mm					
			>1.0	1.0～0.5	0.5～0.25	0.25～0.1	0.1～0.01	<0.01
土类	湖相沉积沙	1.5			4.5	78	7	10.5
	风成沙				21	75	0.7	3.3
	风成沙	0.78			18	76	1.5	4.5
移动方式			蠕移		跃移		悬移	

陈彰岑等[53]对黄甫川、窟野河、佳芦河、无定河泥沙粒径组成进行了分析，指出其中黄甫川和窟野河的泥沙粒径最粗，大于 0.05 mm 的颗粒约占 75%（见表 4-2）。河龙区间 8 条河流大于 0.05 mm 的粗沙年总粗沙量为 2.495 亿 t，占 8 条河流总输沙量 4.589 亿 t 的 54%，其中窟野河和黄甫川年总输沙量为 1.61 亿 t，其中粗颗粒泥沙含量为 0.98 亿 t，占两河总输沙量的 61%，占 8 条支流总输沙量的 21.4%，和占 8 条支流粗沙量的 39.2%，占河龙区间总粗沙量的 3.01 亿 t 的 32.6%。

华绍祖等[47]在研究黄丘（一）副区水土流失问题时曾给出河龙区间南北支流的粗沙含量（表 4-6），表中所给的数值是 15 条支流 1952—1983 年的实测量。15 条支流多年平均总输沙量为 5.920 6 亿 t，其中粗沙含量为 3.329 亿 t，占总沙量的 57%，窟野河和黄甫川总输沙量为 1.181 亿 t，粗沙量占总输沙量的 66.9%，占 15 条支流粗沙量的 35%。

表 4-6　黄丘（一）副区南北地区黄河主要支流径流量输沙量

黄区（一）副区部位	支流名称	站名	资料年限	集水面积/km²	多年平均降水量/mm	多年平均径流量/亿 m³	多年平均输沙量/亿 t	其中粗沙输移量/亿 t
北部（河口镇至佳县）	佳芦河	申家湾	1957—1983	1 121	414.7	0.833	0.202	0.115
	秃尾河	高家川	1956—1983	3 253	411.0	3.958	0.243	0.171
	窟野河	温家川	1954—1983	8 645	416.8	7.124	1.187	0.769
	蔚汾河	碧村	1956—1983	1 476	469.9	0.708	0.118	0.047
	岚漪河	裴家川	1957—1983	2 159	493.4	1.248	0.121	0.058
	朱家川	后会村	1957—1983	2 914	457.3	0.386	0.182	0.118
	孤山川	高石崖	1955—1983	1 263	416.4	0.937	0.246	0.141
	偏关川	偏关	1958—1983	1915	437.3	0.494	0.158	0.063
	黄甫川	黄甫	1954—1983	3 199	404.6	1.860	0.584	0.412
	红河	放牛沟	1955—1983	5 461	396.5	2.270	0.185	0.074
	合计			26 398		19.83	3.226	1.968
南部（佳县至清涧）	清涧河	延川	1954—1983	3 468	465.8	1.458	0.408	0.202
	无定河	川口	1952—1983	30 217	403.1	13.74	1.678	0.954
	屈产河	裴沟	1963—1983	1 023	482.3	0.394	0.115	0.046
	王川河	后大成	1957—1983	4 102	509.8	2.730	0.254	0.102
	湫水河	林家坪	1954—1983	1 873	474.8	0.959	0.239	0.107
	合计			40 993		12.28	2.695	1.411

表 4-2 至表 4-4、表 4-6 所给窟野河和黄甫川的粗沙含量基本相同，即砒砂岩区粗沙量占河龙区间粗沙量的 32.6%～35%。

（5）沟壑中非径流产沙量大

基岩产沙区每年平均有长达 8 个月之久的冻融风化期。根据毕慈芬[65,66]的研究，1998 年西召沟东一支沟一次性测定结果冻融风化层厚度平均为 5 cm。毕慈芬于 1999—2000 年在西召沟主沟道 1#骨干工程以上剧烈产沙的支沟中专门布设了 4 个冻融风化观测小区，经过一年的测量，得到平均冻融风化厚度约 1.94 cm，最大达到了 3.5 cm。该测量方法与东一支沟略有不同。金争平[54]曾在黄甫川测量到 0.1 m 厚的冻融风化层，测量方法与东一支沟一样，其变化过程为剥蚀一层，接着继续冻融风化，再剥蚀一层，如此循环往复，因而在沟谷坡脚出现大量松散碎屑堆积坡裙物质。毕慈芬根据七年观测及在当地群众中的调查，对西召沟主沟道 1#骨干工程以上 3.1 km² 面积上的淤积量进行了推算，认为非径流产沙量主要集中在沟头的沟谷坡面上，沟谷产沙占沟壑产沙量的 90%，占小流域产沙量的 80%。

（6）暴雨集中且强度大

降雨量和最大降雨强度，是影响沟坡侵蚀的重要因素。砒砂岩地区雨量分布不均，东多西少，南多北少。多年平均降雨量，东部为 420 mm，西部为 314 mm，南部为 453 mm，北部为 306 mm，属典型的干旱半干旱区。由于夏季季风的影响，本区 75% 以上的降雨量主要集中于 6—9 月。砒砂岩地区暴雨强度见表 4-7。

表 4-7 砒砂岩地区暴雨强度

编号	河流	发生时间	地点	降雨总历时/min	降雨总量/mm	雨强/（mm/min）
1	黄甫川	1972.7.19 10:35～15:00	纳林	60	55	0.92
2		1988.8.3	黄甫川	2 880	127	0.04
3		1 889.7.21	黄甫川、田圪坦、纳林	15 15	56 106	3.73 7.10
4	窟野河	1961.8.12	东胜	1 440	147.9	0.10
5		1963.8	东胜	60	45.7	0.76
6		1989.7.21	东胜	180	120	0.67
7	沙区	1977.8.1	鄂尔多斯市	480	1 400	2.92

表 4-7 中所给实测资料表明，在砒砂岩区控制的黄甫川、窟野河、八大孔兑

及沙漠区次暴雨量和强度分别为：①黄甫川流域次暴雨量为 55～127 mm 变化，雨强为 0.044～7.1 mm/min，最大暴雨发生在 1989 年 7 月 21 日，其暴雨量为 106 mm，相应雨强为 7.1 mm/min；陈克敏等对 1989 年 7 月 21 日的暴雨的重现期进行了推算，认为该场暴雨的重现期为 150 年。②窟野河和八大孔兑是以东胜为分水岭，故该区的暴雨影响着南北直接入黄支流的径流量；该区暴雨量在 45.7～147.9 mm，雨强为 0.10～0.76 mm/min；最大暴雨发生在 1989 年 7 月 21 日，暴雨量为 120 mm，相应雨强为 0.67 mm/min。③1977 年 8 月 1 日发生在鄂尔多斯市西多才的最大暴雨中心的 8 h 降雨量就达 1 400 mm。

（7）泥沙输移比较大

泥沙输移比是流域产沙模数与沟道输沙模数之间的比值。研究表明[77,78]，在穿越黄土高原形成黄河流域水系的 3 级、4 级、5 级以上的支毛沟，流域的泥沙输移比变化在 1.0 左右。大理河流域 1959—1969 年各支毛沟的实测值表明，流域面积从 0.18～3 893 km² 时，对应的泥沙输移比在 0.8～1.1，平均为 0.934。砒砂岩区泥沙输移比接近于 1，中科院地理所的许炯心[78]曾对黄土高原的多沙粗沙区的泥沙输移比进行了研究，也给出了类似的数值。

4.2　砒砂岩区产沙的季节性、年际及年代间变化特征

砒砂岩区的典型流域包括：皇甫川、窟野河、孤山川、佳芦河、秃尾河。在此，以皇甫川和窟野河为例，分析砒砂岩区不同流域产沙特征，包括产沙的季节性变化特征及年际与不同年代产沙特征。

4.2.1　产沙的季节性变化特征

（1）皇甫川

图 4-1 是皇甫川不同年份月平均输沙量变化图。从图中可清楚地看出，皇甫川流域月输沙量在年内的季节性变化。不管在哪个年代段，全年的输沙量主要来自汛期，汛期输沙量占全年输沙量的 96.0%以上。从表 4-8 可见，全年的输沙量主要集中于汛期，以 1956—2000 年为例，其中汛期输沙量为 4 780 万 t，全年输沙量为 4 851 万 t，非汛期输沙量仅为 71 万 t，汛期输沙量占全年输沙量的 98.5%，如前所述，汛期的输沙量又主要来自汛期几场大的暴雨洪水。

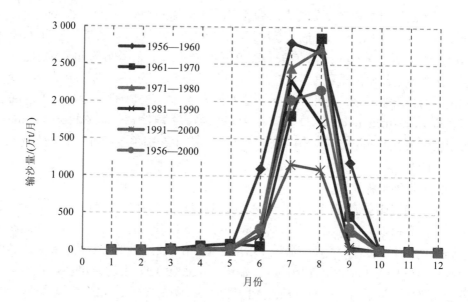

图 4-1　皇甫川不同年代月平均输沙量变化

表 4-8　皇甫川不同年代汛期、非汛期输沙量统计

年代	汛期输沙量/ 万 t	非汛期输沙量/ 万 t	多年平均输沙量/ 万 t	汛期占全年的 比例/%
1956—1960	7 722.6	93.4	7 816.0	0.988
1961—1970	5 186.2	183.9	5 370.1	0.966
1971—1980	5 730.8	18.2	5 749.0	0.997
1981—1990	4 245.4	48.8	4 294.2	0.989
1991—2000	2 486.4	19.1	2 505.5	0.992
1956—2000	4 780.0	71.0	4 851.0	0.985

（2）窟野河

图 4-2 是窟野河不同年代月平均输沙量变化图。从图中可以看出，窟野河流域月输沙量在年内的季节性变化。与皇甫川一样，不管在哪个年代段，全年的输沙量主要来自汛期，汛期输沙量占全年输沙量的 97.7%以上。显然，从表 4-9 可见，全年的输沙量也同样主要集中于汛期，以 1956—2000 年为例，其中汛期输沙量为 9 847.9 万 t，全年输沙量为 10 033.7 万 t，非汛期输沙量仅为 185.8 万 t，汛期输沙量占全年输沙量的 98.2%。

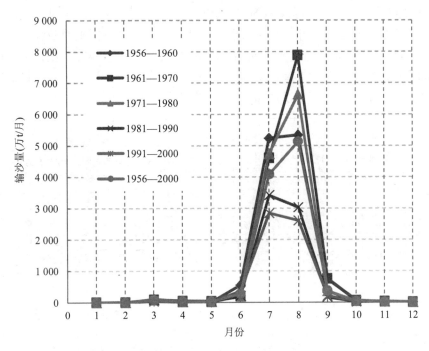

图 4-2 窟野河不同年代月平均输沙量变化

表 4-9 窟野河不同年代汛期、非汛期输沙量统计

年代	多年平均汛期输沙量/万 t	多年平均非汛期输沙量/万 t	多年平均输沙量/万 t	汛期占多年平均的比例/%
1956—1960	11 462.8	183.2	11 646.0	0.984
1961—1970	13 415.9	249.8	13 665.6	0.982
1971—1980	11 931.5	203.5	12 135.0	0.983
1981—1990	6 806.0	161.0	6 967.0	0.977
1991—2000	6 008.0	125.0	6 133.0	0.980
1956—2000	9 847.9	185.8	10 033.7	0.982

4.2.2 年际及不同年代产沙变化特征

（1）皇甫川

图 4-3 是皇甫川 1956—2000 年的逐年输沙量变化图，图 4-4 是皇甫川流域不同年代间年平均输沙量变化图。从图 4-3 可清楚看出，皇甫川流域逐年输沙量虽有升有降，但趋势线反映出输沙量总体上呈下降趋势，尤其是从 20 世纪 70 年代

以后，即开始大规模地下降，从 80 年代以后，年输沙量已经大为降低，究其原因，据分析主要是由于 70 年代以后开始的大规模的水土保持措施的减沙效益较为显著，另外 90 年代以后的这一时期的降雨量也总体偏少。图 4-4 表明，皇甫川流域不同年代的输沙量总体下降，除 60 年代到 70 年代有所小幅上升外，其余年代的输沙量呈下降趋势，尤其是从 80 年代开始下降最为明显。

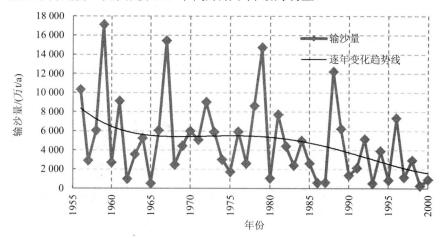

图 4-3　皇甫川流域输沙量逐年变化（1956—2000 年）

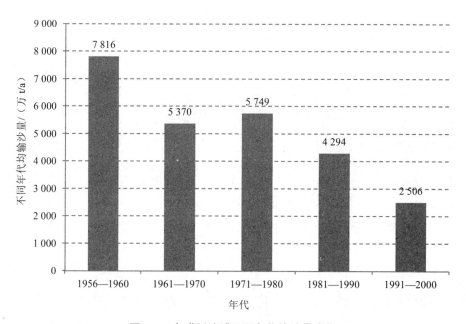

图 4-4　皇甫川流域不同年代输沙量变化

（2）窟野河

图 4-5 是窟野河流域 1956—2000 年的逐年输沙量变化图，图 4-6 是窟野河流域不同年代年平均输沙量变化图。从图 4-5 可见，窟野河流域逐年输沙量虽从 1956—1980 年的年平均输沙量比较平稳，但多年平均输沙量比较大，大致维持在 15 000 万 t，1980—1997 年，多年平均输沙量大致处于 7 000 多 t，与 20 世纪七八十年代相比，输沙量减少了 50% 以上，从 1997 年以后，输沙量更是迅速减少，这主要是黄土高原多年来所采取的各种水土保持措施的贡献，另一个次要原因是降雨量的持续偏少。但趋势线反映出，输沙量尤其是从 70 年代以后，开始大规模地下降，从 80 年代以后，年输沙量已经大为降低，与皇甫川类似，原因主要是水土保持措施的减沙效益与降雨偏少造成的，但较多学者认为水土保持措施的减沙效益是主要原因。图 4-6 表明，窟野河流域不同年代的输沙量先缓慢上升后又逐渐下降，除 50 年代到 60 年代有所大幅上升外，其余年代的输沙量开始大幅下降，尤其是 80 年代、90 年代输沙量较小，这对于减少黄河下游的泥沙淤积是有较大贡献的。

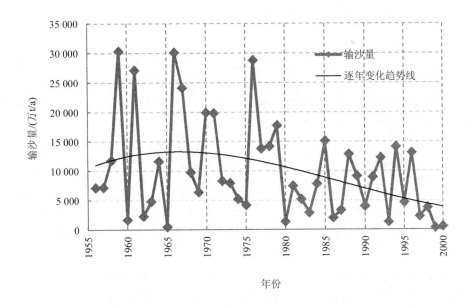

图 4-5　窟野河流域输沙量逐年变化（1956—2000 年）

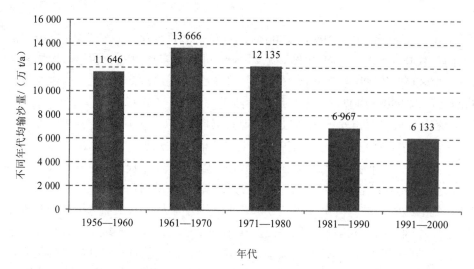

图 4-6　窟野河流域不同年代输沙量变化

4.3　砒砂岩区沟道输沙机理分析

　　砒砂岩区支、毛沟头沟谷坡面一般占小流域面积的 50%～80%，沟谷坡面是由各种颜色砒砂岩组成，受该区气温的控制，侵蚀特征以冻融风化侵蚀为主，形成从沟谷坡面到沟谷坡脚短距离的泥沙物质，为沟壑形成暴雨径流高含沙洪水提供了泥沙来源。

　　砒砂岩区产沙量主要是由以非径流的冻融风化侵蚀形成的，而输沙是暴雨径流形成的。也就是说，暴雨径流是输送大量非径流物质的主要搬运力，输沙原因主要是沟壑中暴雨股流的作用，其输沙量的大小取决于一定水流条件下的床面剪切力。根据河流泥沙动力学理论，当床面剪切力大于床面泥沙的启动拖曳力时，泥沙才能启动，当水流强度进一步增大时，水流进而将床面的大量泥沙悬浮并输运至下游。

　　启动拖曳力[98]是表达泥沙启动的临界水流条件，指的是泥沙处于启动状态时对应的床面剪切力，其值等于单位面积床面上的水体重量在水流方向的分力，即：

$$\tau_0 = \gamma hJ = \rho U_*^2 \tag{4-1}$$

式中，γ——水的容重；

　　　　J——比降；

P——水的密度；

U_*——摩阻速度。

在讨论水流的时候，将 τ_0 称为床面剪切力，为了与泥沙的启动拖曳力区别，在此，将泥沙的启动拖曳力命名为 τ_{0e}。根据河流泥沙动力学中的泥沙启动流速公式，进而可推导出泥沙的启动拖曳力表达式：

$$\frac{\tau_{0e}}{(\gamma_S - \gamma)d} = \frac{U_{*C}^2}{\dfrac{\gamma_S - \gamma}{\gamma}gd} = \theta_e \tag{4-2}$$

式中，U_{*C}——启动摩阻流速；

θ_e——临界相对拖曳力；

γ_s——泥沙的容重；

γ——水的容重；

g——重力加速度；

d——泥沙粒径。

研究表明，临界相对拖曳力是沙粒雷诺数 Re_* 的函数，即可以写成：

$$\theta_e = f\left(Re_*\right) \tag{4-3}$$

或者：

$$\theta_e = f\left(\frac{u_* d}{v}\right) = \frac{\tau_{0e}}{(\gamma_S - \gamma)d}v \tag{4-4}$$

式中，v——水流的运动黏滞系数，$\mathrm{cm^2/s}$。

这就是著名的希尔兹（A.Shields）启动拖曳力公式，这里的临界相对拖曳力也称为希尔兹数。希尔兹根据他自己的实验成果绘制了 θ_e 与 Re_* 的关系曲线，给出了著名的泥沙启动的希尔兹曲线，可用于查算不同泥沙粒径的启动拖曳力与临界相对拖曳力。

因而，根据希尔兹曲线，则可判别不同粒径泥沙的启动情况，进而可以判断泥沙的初始运动状态。泥沙是否启动的判别标准如下：

①当 $\tau_0 > \tau_{0e}$ 时，泥沙开始启动，当水流速度增大，强度增强时，大量泥沙会悬浮于水中，沟床易表现为冲刷，沟谷坡脚易发生淘刷；

②当 $\tau_0 = \tau_{0e}$ 时，泥沙处于启动的临界状态，对于均匀沙而言，此时可大致认为沟床处于不冲不淤状态；对于非均匀沙而言，沟床是否冲淤，还取决于后面要讨论的水流含沙量与水流挟沙力的对比关系。

③当 $\tau_0 < \tau_{0e}$ 时，泥沙未启动，对于均匀沙而言，沟床处于稳定状态，易发生淤积；对于非均匀沙而言，若 τ_{0e} 对应的是最小粒径组的启动拖曳力，则沟床泥沙

不会启动，沟床不会冲刷，而且极易发生淤积；若不同粒径组的泥沙的启动拖曳力分布不均匀，则有的粒径组泥沙要进入到水里边，有的粒径组泥沙不动，此时河床也处于不同程度的冲刷状态。

另外，一种判断沟床冲淤的判别式为沟道泥沙输移比，泥沙输移比指的是河槽输沙模数与流域侵蚀模数之比。通常泥沙输移比小于1，且与流域面积成反比。小于1的原因主要是，在很多地区从坡面上产生的泥沙，在汇流过程中往往在流域内比较开阔的地段沉积，流域面积越大，从坡面上冲刷外移的泥沙在汇流中沿程落淤的机会越多。

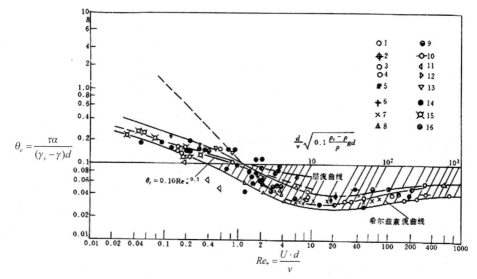

1—琥珀（Shields）；2—褐炭（Shields）；3—花岗石（Shields）4—重晶石（Shields）；5—沙（Casey）；
6—沙（Kramer）；7—沙（U.S.Wes）；8—沙（Gilbert）；9—沙（Tison）；10—沙（White）；
11—沙（李昌华）；12—沙，在油中（李昌华）；13—粉沙（Mantz）；14—粉沙（White）；
15、16—粉沙，在油中（层流）（Yalin）

图4-7　散粒体泥沙启动的希尔兹（A.Shields）曲线

在砒砂岩区，因小流域内缺乏可供泥沙沉积的开阔地段，在梁峁的坡脚下一般不存在泥沙沉积区，绝大部分沟槽又都是输沙槽，加之该区地质地貌特点和高含沙、输沙特性的作用，故泥沙输移比一般接近于1。若 W_g 为沟道产沙量（m^3），W_t 为沟道水流输沙量（m^3），R 为泥沙输移比，则：

$$R = \frac{W_g}{W_t} \tag{4-5}$$

①当 $R>1$ 时，则沟道易发生淤积；

②当 $R=1$ 时，则沟道不冲不淤；

③当 $R<1$ 时，沟床发生冲刷。

为了计算小流域总产沙量，按照不同地貌单元，将小流域分为沟谷顶坡、沟谷坡面和沟谷坡脚。在砒砂岩地区 3 级、4 级、5 级、6 级支毛沟，一般支毛沟沟床比降变化在 1%～10%，比黄河下游比降 0.02%大 200～2 000 倍。加之 γ_s 值很大，支毛沟头沟道窄，而暴雨所形成的股流较大，根据前述的泥沙输移比判别式，沟顶、沟缘和沟谷坡，只要形成股流，就会发生冲刷。

若小流域总产沙量可用下式表达：

$$G = G_1 + G_2 + G_3 \tag{4-6}$$

式中：G——小流域总产沙量，m^3；

G_1——沟谷顶坡面产沙量，m^3；

G_2——沟谷坡面产沙量，m^3；

G_3——沟谷坡脚坡裙堆积沙量，m^3。

如果 $R>1$，则沟床发生冲刷，则沟道输沙量 T_s 为：

$$T_s = G_1 + G_2 + G_3 + G_4 + G_5 \tag{4-7}$$

式中：G_4——沟床冲刷量，m^3；

G_5——沟谷坡淘刷量，m^3。

如果 $R=1$，则沟床不冲不淤，则沟道输沙量为：

$$T_s = G_1 + G_2 + G_3 \tag{4-8}$$

如果 $R<1$，则沟床发生淤积，则沟床淤积量为：

$$\Delta w_s = G - T_s \tag{4-9}$$

式中：Δw_s——沟床淤积量。

如果 $R \ll 1$，当 $R \approx 0$ 时，沟床严重冲刷。

如果 $R \gg 1$，当 $R \to \infty$ 时，则泥沙全部落淤，即为理想状态下的泥沙不出沟，但在实际情况下，这是不可能的。

据第 2 章的砒砂岩区泥沙粒径分析可知，砒砂岩区泥沙主要由粒径大于 0.05 mm 的粗泥沙组成，其质量百分数在泥沙总质量百分数中占比例较大，在某些区域可达 70%甚至 80%以上。虽然粒径较粗，但是砒砂岩区的小流域沟道都是坡陡流急，比降较大，因而水流的输水功率较大，床面剪切力较大，大于 0.05 mm 的粗泥沙依然可以被水流输运至下游，可划归为悬移质，属悬移质输沙状态；在沟道出口汇流入开阔的平原河道时，则可能在河口汇流区域形成推移质，属推移质输沙状态。由于砒砂岩区都是黄河的 3 级、4 级、5 级、6 级支流（沟），因而可以认为小流域沟道内的泥沙输移为悬移质输沙状态。一般来说，就数量而言，冲积河流携带悬移质的数量，往往为推移质的数十倍甚至数百倍；在砾质山区河流，因推移质数量稍大，这一比值相对较小些，但一般也达数十倍以上。这也说明在河流蚀山造原过程中，悬移质至少在数量上起着更为重要的作用。

张瑞瑾院士[98]在对苏联著名河流泥沙动力学专家维利坎诺夫的泥沙悬浮的重力理论评述后，提出了"制紊假说"的观点，据此，提出了水流挟沙力的概念。水流挟沙力是指在一定的水流和泥沙综合条件下（这些条件包括水流断面平均流速 U，过水断面面积 A、水力半径 R、清水水流的比降 J、浑水水流的比降 J_s、泥沙沉速 ω、水的密度 ρ、泥沙的密度 ρ_s 以及床面与崖壁组成等边界条件），水流能够携带的悬移质中的床沙质的临界含沙量 S_*。若水流中悬移质中的床沙质含沙量 S 超过这一临界数量时，水流处于超饱和状态，河床将发生淤积。反之，当不足这一临界数量时，水流处于次饱和状态，水流将向床面层寻求补给泥沙，河床势必会发生冲刷。水流与河床通过这种反复淤积或冲刷的过程，使悬移质中的床沙质含量恢复到临界数值，达到不冲不淤的新的平衡状态。砒砂岩区的沟道中的沟床与水流也是遵循这种规律在完成着冲淤过程，通过这种冲淤过程塑造与改造着河床，同时源源不断地把泥沙输送到下游。

张瑞瑾院士[98]在"制紊假说"理论的指导下，对携带悬移质的水流，根据能量守恒定律，导出了水流挟沙力的基本公式，该公式形式如下：

$$S_* = k \left(\frac{U^3}{gR\omega} \right)^m \tag{4-10}$$

式中，S_*——水流挟沙力，kg/m³；

　　　U——断面平均速度，m/s；

　　　g——重力加速度，m/s²；

　　　ω——泥沙的沉速，cm/s；

　　　R——水力半径，m。

在实际运用时，针对具体的河流，要根据实测资料率定系数 k、m 的值。而且，在实际应用时，水流挟沙力一般作为一维问题处理，即仅考虑全断面平均水流挟沙力或全垂线上的平均水流挟沙力，由于一维形式简单，计算方便，只要实测资料充足，率定系数准确，就能保证一定精度，目前在生产实践中广泛应用。

张瑞瑾院士[98]指出，悬移质的一个重要特点是颗粒组成往往比较复杂，在一般情况下，粗的悬移质颗粒，可以粗到 1 mm 以上，因而根据砒砂岩区的泥沙粒径特点，将砒砂岩区小流域沟道内的泥沙运动按悬移质泥沙运动处理是合理的，也是有理论根据的。

根据水流中的含沙量 S 与水流挟沙力 S_* 的对比关系，也可以判断沟床的冲淤状况。

（1）当 $S>S_*$ 时，沟道中水流含沙量处于过饱和状态，则水流中的部分泥沙要落淤到床面上，或者从水流中落淤到床面上的泥沙数量大于从床面上冲刷起的泥沙，则沟床发生淤积；

（2）当 $S=S_*$ 时，沟道中水流含沙量处于平衡状态，从河床上冲刷的泥沙与从水流中落淤到床面上的泥沙数量大致相等，则沟床不冲不淤；

（3）当 $S<S_*$ 时，沟道中水流含沙量处于次（欠）饱和状态，水流要从床面补给泥沙使其达到平衡状态，或者从床面上冲刷起的泥沙数量大于从水流中落淤到床面上的泥沙数量，则沟床发生冲刷。

流域上的泥沙或沟道中的泥沙通过水流输运至下游的过程中，都要消耗水流的能量，泥沙的启动首先依赖于水流的床面剪切力。要将泥沙就近控制在沟道里，就必须采取措施破坏泥沙的这些输沙条件，此时可以采取刚性措施或柔性措施，或者是刚柔结合的系统措施。

4.4 本章小结

本章在前人研究的基础上，首先分析了基岩产沙区及砒砂岩区的产沙特征、灾害特征及所引起的环境问题，从侧面说明了恶劣的自然地理环境和频繁的人类活动是该区生态环境恶化的主要原因。然后，根据实测资料，以典型流域为例，对砒砂岩区输沙的季节性变化、年际及不同年代输沙量等特征进行了分析。最后运用河流泥沙动力学理论对砒砂岩沟道的输沙机理进行了简单的讨论。

5 沙棘柔性坝对水流特性的影响及阻滞机理分析

为了分析沙棘柔性坝在沟道内对水流的影响，在国家自然基金的支持下，在陕西省眉县沙棘柔性坝野外水流试验基地，对不同种植参数的沙棘柔性坝内的水流特征要素进行了观测。由于内蒙古砒砂岩典型地区——准格尔旗境内的自然沟道大部分为梯形或者"U"形，故本实验将之前的横断面为矩形的试验床设计成了梯形试验床，使之更接近于天然沟道。西安理工大学[99,100]在陕西华县沙棘柔性坝野外试验基地对沙棘柔性坝的水保效应进行了分析与研究，采用的是浮标法与PIV 法，分析与讨论了沙棘柔性坝对水流水深和流速场的影响，已初步取得了一定成果，但也有一定缺陷，如未能分析沙棘柔性坝内流速沿垂线上的分布。且以上研究中所测得的流速是通过浮标法所测，也只是表面流速，精度较差，所用的 PIV法测得的流速也只是柔性坝内的水流表面流速，并未施测横断面上不同垂线上的点流速，而本试验中笔者采用智能流速仪对不同监测断面不同垂线上的点流速进行测量。另外，本次野外试验的实验设施与测量方法都较以前有了很大的改进。本试验基地设有矩形量水堰，可以精确地量测水的流量，还设有空白对照试验床。

根据试验数据，笔者分析了梯形试验床面内，不同种植参数下沙棘柔性坝对水流特性的影响，主要是从水位与流速的纵、横向变化与分布等方面反映沙棘植物对水流的阻滞作用，为后续深入研究沙棘柔性坝的拦沙机理奠定基础，并为沙棘柔性坝这一生态工程的推广提供理论依据。

5.1 野外水流试验概况

5.1.1 试验设计与测定方法

本研究所建立的沙棘柔性坝野外试验基地位于陕西省眉县余管营镇。试验地土壤为黄黏土，土壤有机质含量为 8.18～34.34g/kg，pH 范围在 7.15～8.5，属于微碱性土壤。本试验共设计了 5 个沙棘柔性坝试验床，编号分别为 1#、2#、3#、

$4^{\#}$、$5^{\#}$，其中 $5^{\#}$试验床为空白对照床。沙棘柔性坝均采用沙棘原型树，以交错梅花形方式种植，各试验床均无坡度，各柔性坝的种植参数见表 5-1。试验主要观测内容为梯形试验床内不同观测断面处的水深以及断面上不同垂线上不同水深处的流速。

表 5-1 · 沙棘柔性坝的种植参数

试验床	坝长/m	坝宽/cm	株距/cm	行距/cm	种植棵树/棵	种植密度/（棵/m²）
$1^{\#}$	6.4	80	8	80	95	18.6
$2^{\#}$	4.0	80	8	80	63	19.7
$3^{\#}$	6.4	80	8	160	53	10.4
$4^{\#}$	4.0	80	10	80	51	15.9

5.1.2　试验设施

本试验基地的设施主要包括：蓄水池、矩形量水堰、消力池、沙棘柔性坝试验床、排水渠。蓄水池的水流经矩形量水堰流出，通过消力池平稳地流入沙棘柔性坝试验床。试验借助水泵，保持水流恒定，试验床内的水流为恒定流。进床流量通过矩形量水堰测定。试验设施的平面布置图见图 5-1，梯形试验床的剖面图见图 5-2。

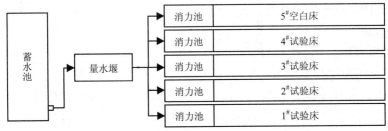

图 5-1　实验设施的平面布置

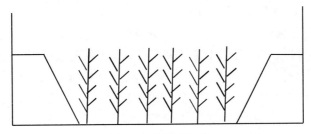

图 5-2　梯形床示意

5.1.3 试验原型树的生理特性

本试验所用的原型树为沙棘，别名沙枣，属胡颓子科沙棘属植物[101,102]。沙棘是一种适应性很强的灌木或小乔木，是保持水土、防治荒漠化的重要先锋树种，这是由它得天独厚的生物学特性所决定的。在海拔 600～5 000 m 内，降水量 250～800 mm 的地区都能生长，可耐地表的最低温度低至–50℃和最高温度高达 60℃。沙棘的侧根系十分发达，以水平根系为主，而且具有非常发达的皮层薄壁组织和多细胞皮，这使得沙棘易串根，分蘖萌生蔓延能力强、繁殖快、枝叶茂密、生物量大。沙棘具有耐旱、耐贫瘠，能萌蘖自生繁殖的生物特性，具有良好的抑制土壤侵蚀和水土保持作用。

5.1.4 实验过程与测定方法

利用水泵从蓄水池抽水，经过引水渠再流入量水堰，然后经过消力池平稳地流入沙棘柔性坝试验床，试验床的横断面为梯形形状。试验过程中始终保持试验床内水流为恒定非淹没流流态。从试验床进水口 0.6 m 开始，1#、2#、4#、5#试验床每隔 0.8 m 设置一个监测断面，3#试验床每隔 1.6 m 设置一个监测断面。另外，在 3#试验床的第二排沙棘前后各 20 cm 处增加了两个监测断面。对每一个设定的监测断面，在离床面 2 cm、4 cm、6 cm、8 cm、10 cm 处测量水深与流速。试验中水深采用 50 cm 钢尺进行测量，流速采用南京瑞迪高新技术公司的 ZLY-I 型智能流速仪进行测量。

ZLY-I 型智能流速仪与流速传感器相连，仪器自动测量流速传感器叶轮的转速，将叶轮转速自动储存，按照仪器出厂时率定的流速计算公式计算流速，并在液晶显示屏上直接显示读数。智能流速仪通过串口通信口与电脑连接，由相应的软件自动记录数据，并生成相应的文本文件。

在每一监测断面上，等间距布置 4 个传感器（见图 5-3），分别为 1 道、2 道、3 道、4 道，按顺序依次距左边墙 36 cm、52 cm、68 cm、84 cm。传感器均垂直于水面，将 4 个传感器平行固定在一个可以移动的支架上，使叶轮处于同一高度并且可以同时上下移动。在监测断面上沿垂直方向在离床面 2 cm、4 cm、6 cm、8 cm、10 cm 处进行垂线上点流速的测定。实验开始时，等水流平稳后开始记录数据，每一段面监测 30 s，3 s 显示一个流速数据，同时记录该监测断面的水深数据。

每次试验前都要进行沙棘的生长调查，了解沙棘的平均长势状况，试验床内各沙棘柔性坝的生长参数见表 5-2。

图 5-3　传感器布置

表 5-2　不同沙棘柔性坝的生长特性

试验床	株高/cm	冠幅/cm	基径/cm
1#	33.6	20.4	0.42
2#	34.5	22.5	0.46
3#	34.1	19.6	0.40
4#	31.7	18.9	0.41

5.2　沙棘柔性坝对水流特性的影响

5.2.1　沙棘柔性坝不同种植参数对水深的影响

图 5-4 为在恒定流量 $Q=0.03$ m^3/s 下，各试验床的水深分布图。从图 5-4 可以看出，1#试验床种植的沙棘柔性坝对水流的阻滞作用最为明显，其雍水深度较大，其次是 3#试验床。根据沙棘柔性坝种植参数数据，1#与 3#试验床沙棘柔性坝的主要区别在于行距不同，这表明在其他参数基本不变的条件下，行距较大的沙棘柔性坝内的水深沿程较低。1#、3#试验床的坝长大于 2#、4#试验床，1#、3#试验床的水深普遍大于 2#与 4#试验床的水深，这说明较长的沙棘柔性坝的水位较高，雍水作用较明显，坝长在试验床水深变化过程中也起主导作用。由于 1#试验床内沙棘的种植行距小于 3#试验床，3#试验床沙棘柔性坝对水流的阻滞作用小于 1#试验床。5#试验床的阻水能力最弱，因为该床为空白床，没有栽种沙棘，因此可以明显看出沙棘柔性坝的存在增强了对水流的阻滞作用。通过 2#与 4#试验床内的水深对比，可以说明株距对柔性坝内水深的影响。2#与 4#沙棘柔性坝的主要区别是株距不同，

4#试验床内沙棘的株距较大，2#试验床内沙棘的株距较小，坝长均相同。通过对比 2#与 4#沙棘柔性坝内的水深，可以发现 4#试验床内沙棘柔性坝的水深低于 2#沙棘柔性坝，说明 2#沙棘柔性坝的阻水能力较强。这与新疆农业大学[103-105]在室内用模型树所做的水槽模型试验所得结论一致。

为了对比分析沙棘柔性坝内不同坝段对水深的变化，将沙棘柔性坝分为前坝段 0.6～2.2 m、中坝段 2.2～4.6 m 以及后坝段 4.6～7.8 m。从图 5-4 可看出，各沙棘柔性坝内的水深沿程变化大致有相同的趋势，即先急剧上升，接着相对稳定，最后大幅下降，也就是前坝段水深急剧增大、中坝段相对稳定、后坝段显著下降。前坝段的平均水深随着坝长的增加而增加，其中 1#、3#试验床的水深增加更为明显，说明坝长增幅较大时，前坝段平均水深的增长梯度也较大。

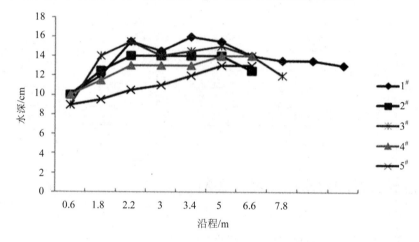

图 5-4　各试验床的水深沿程分布

5.2.2　沙棘柔性坝对水流流速的影响

在实验过程中，智能流速仪的传感器叶轮伸入水中，所以测得的流速是典型监测断面水下流速并非表面流速。需要指出的是，各监测断面均位于沙棘行与沙棘行之间的间隔区域，不涉及沙棘排所在的横断面位置。

5.2.2.1 不同沙棘柔性坝内不同流线上及断面平均流速沿程变化与分布

图 5-5（a）、（d）分别是 1#～4#各试验床不同种植参数沙棘柔性坝内不同横断面平均流速沿程变化图。从图中可以看出，各柔性坝内典型监测断面流速沿程变化的趋势大致相同，即先大幅度减小然后缓慢略微增大，具体的变化过程为：

水流从进入试验床到第一排沙棘前，也就是在坝前的流速较大；接着进入沙棘柔性坝坝内，流速沿程先迅速减小，然后变化趋于相对平缓。3#试验床坝内各断面的流速值沿程波动程度较其余沙棘柔性坝试验床内的流速波动要强，是由于该试验床内沙棘柔性坝的种植行距最大，对水流的阻滞作用与其余床面不同，种植密度小，水流流速波动较大。从同一试验床内的四个观测点流速变化可以发现，2#试验床的差异最小，1#、4#试验床的差异显著，通过对其床内沙棘生长情况的调查发现，引起这一差异的原因是床内沙棘长势不均匀所致。

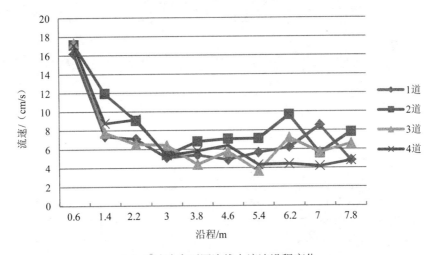

（a）1#试验床不同流线上流速沿程变化

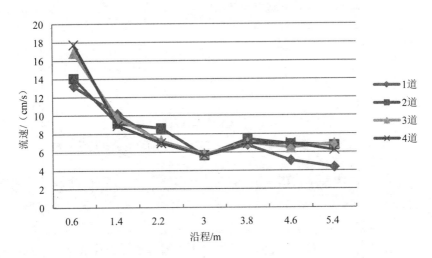

（b）2#试验床不同流线上流速沿程变化

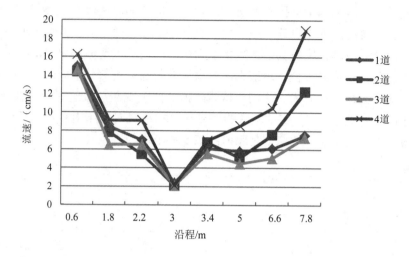

（c）3#试验床不同流线上流速沿程变化

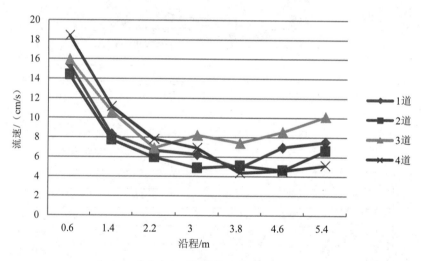

（d）4#试验床不同流线上流速沿程变化

图 5-5　不同种植参数下各试验床试验床横断面平均流速沿程分布

图 5-6 是 1#～5#试验床不同监测断面平均流速沿程变化图。从图中可以明显看出沙棘柔性坝对水流的阻滞作用，5#空白试验床由于没有沙棘排的阻滞作用，其水流的入口流速很大，其断面平均流速沿程明显大于其余栽有沙棘植物试验床的流速。除了 5#空白试验床，其余各试验床不同监测断面流速的平均值沿程变化趋势大致相同，先急剧减小，达到最小值后逐渐增大。具体的变化过程如下：水

流进口平均流速 $V_4^{\#} > V_2^{\#} > V_3^{\#} > V_1^{\#}$，$V_4^{\#}$最大，表明 $4^{\#}$试验床内沙棘柔性坝坝前水流受到柔性坝的影响较其余试验床小，主要是因为该试验床内柔性坝坝长较短而且株距最大，其阻水能力相对较弱。$1^{\#}$、$3^{\#}$试验床的坝长较长，使得坝前雍水更为明显，减小了水流进口断面平均流速。水流进入柔性坝后，由于沙棘排对水流产生的阻滞作用，$1^{\#} \sim 4^{\#}$试验床的水流流速急剧减小。$1^{\#}$、$3^{\#}$的平均流速在 4.6 m处出现了交叉，说明在 0～4.6 m 坝段内 $3^{\#}$试验床内各断面平均流速要比 $1^{\#}$试验床内各断面平均流速小，这可能是由于坝长的作用所致的；在 4.6 m 以后的坝段里，$3^{\#}$试验床内各断面平均流速要比 $1^{\#}$试验床内各断面平均流速大，这说明此时柔性坝内行距越大，阻水作用越弱，这也从侧面说明在栽植沙棘柔性坝时，要综合考虑坝长和行距的作用，不能单一考虑某一因素；比较 $2^{\#}$、$4^{\#}$沙棘柔性坝内断面平均流速，可看出 $4^{\#}$试验床的平均流速较小，这表明相同条件下，沙棘柔性坝的株距越小，其种植密度较大，柔性坝内平均流速相应较小；$2^{\#}$、$4^{\#}$沙棘柔性坝内断面平均流速明显大于 $1^{\#}$、$3^{\#}$沙棘柔性坝内的断面平均流速，这表明在综合考虑坝长、行距与株距时，似乎坝长在沙棘柔性坝对水流的阻滞过程中起主导作用，这一点还需进一步通过积累的实验数据进行研究。

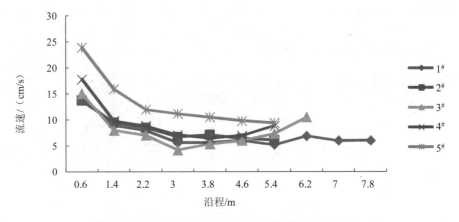

图 5-6　各试验床不同监测断面平均流速沿程变化

由上述分析可见，在众多影响柔性坝内平均流速的因素中，坝长起主导作用，坝长越长，坝上游雍水程度较明显，水流流速沿程较小。在坝长相当的情况下，种植方式相同，种植的密度越大，对水流的阻力作用较强。

5.2.2.2　沙棘柔性坝内流速沿垂线分布及不同水深处断面平均流速沿程变化

研究沙棘柔性坝对水流的影响，有必要了解沙棘柔性坝内水流流速沿垂向的分布与变化。为了分析沙棘柔性坝内水流的垂向流速分布，本次试验在各个监测断面上不同位置处的垂线上从床面向上布设了 1、2、3、4、5 五个测量点，分别在离试验床底部 2 cm、4 cm、6 cm、8 cm、10 cm，也就是在垂线上对设置的 5 个点进行测量。试验中经观察分析，各柔性坝内水流流速垂向分布变化规律大致相同，下面以 2# 试验床为例。图 5-7 是 2# 试验床设计流量下 7 个典型监测断面水流流速垂向分布图。监测断面分别在沿程 0.6 m、1.4 m、2.2 m、3.0 m、3.8 m、4.6 m、5.4 m 处。从图 5-7 中可以看出，各层（不同水深处）平均流速 $V_2 > V_3 > V_4 > V_5 > V_1$。$V_1$ 值最小，这是由于 V_1 在离地 2 cm 处测得的，离地最近，试验床床面对水流的阻力所致。V_2 最大，这是离地面 4 cm 处的流速，这一水深处的水流受到底部及顶部的阻滞作用较小。另外，在试验中经过观察与分析发现，试验床内的植物靠近地面部分只有主干，侧枝很少，这一深度平均约为 4 cm，在 4 cm 以上的部分，沙棘树苗的侧枝、茎、叶逐渐增大，树冠冠幅逐渐扩展，故相应的对水流的阻力在这一段深度上，从下至上逐渐增大，从而导致流速相应的由下向上逐渐减小。可以看出，从水面至下，流速沿垂向呈"S"形分布，这与已有的有关其他植物所做的实验研究结论是一致的[16-19]。经过调查试验床内植物生长情况，发现离地面大约 4 cm 处开始有侧枝，而且侧枝数量向上呈增加趋势，阻水效果相应增加，所以 V_2、V_3、V_4、V_5 速度呈递减趋势。

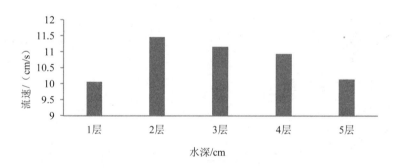

图 5-7　2#试验床流速沿垂向分布

　　由于植物的存在，减少了试验床内横断面上的过水面积，又由于植物的阻滞作用，引起试验床内的壅水现象。试验床内水流的流速垂向分布受沙棘的长势状况、沙棘灌木上枝、茎、叶的分布状况及沙棘行的排列方式等影响，因此使得柔性植物作用下的水流变化比较复杂[106-109]。图 5-8 是 2# 试验床内不同水深处沿宽度方向平均后的流速沿程变化图。从图中我们可以看到，水流进入柔性坝后，无论哪一层上（不同水深），各层水流流速沿程变化也大致类似，在水流到达第 2 排沙棘的时候，流速急剧下降，从平均约 0.16 m/s 下降到 0.1 m/s，然后从第 2 排沙棘往后直至第 5 排沙棘，坝丛内的流速缓慢平稳，从第 5 排沙棘后水流由于马上就要穿越末尾沙棘排（第 6 排），阻力减小，流速又略有升高，到流出沙棘柔性坝后，由于试验床面后的尾水雍水而又迅速下降，这一点与已有文献略有不同，主要原因是尾水排出不是很通畅造成的，后期要加以改进。1 层、5 层流速的波动较大，由于这两层处的水深位置比较特殊，1 层也就是近床面底层的流速由于受沙棘柔性坝及床面粗糙度的影响，变化较大；第 5 层也就是近水流表面处的流速，由于受上部沙棘柔性坝的树冠、枝、茎、叶的影响，变化也较大些，这与植物枝、干、叶的弹性变形及挠度等有关。

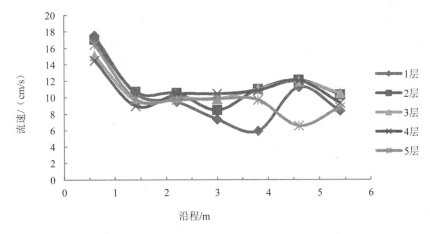

图 5-8　不同水深处沿宽度方向平均的流速沿程变化（2#试验床）

　　一般地，在没有植物影响下的水流的速度垂向剖面分布符合对数或抛物线形的流速分布，即从水面向下流速逐渐减小，最大流速一般发生在水流表面。这是由于紊流切应力的作用造成的。从本研究可看出，在有沙棘植物时，流速沿垂线方向的分布发生了较大变化，而是呈"S"形变化，最大流速发生在水面以下约0.6 倍的水深处。这一变化规律与已有学者针对不同于沙棘植物的其他植物所做的试验所得结论是相似的[110]。

5.2.2.3　沙棘柔性坝内不同横断面上流速分布

　　试验中经观察分析，各试验床柔性坝流速横向分布变化规律大致相同，下面以 2#试验床为例，见图 5-9。由水力学以及河流动力学可知，无植被梯形沟道内的水流由于试验床边壁的阻滞作用，呈现出"流舌"形状，即在横断面上中间部分流速大，两侧逐渐减小；但是 2#试验床横断面的平均流速沿横向呈现出曲折反复的波浪形，这是由于水流在通过沙棘排时，由于该排上的每一棵沙棘都对水流有阻力，致使阻力沿横断面的分布不均匀，按照杨志达[111,112]的最小能耗原理，水流会被迫选择从每两棵沙棘的间隙中通过。C1 断面在柔性坝之前，流速明显大于其余断面。由于当时试验条件有限，未能在横断面上布设更多的监测点，致使数据略微有些偏少，但横断面上的变化趋势基本能被反映出来。后续，笔者会加强在横断面上的观测点，为详细分析沙棘植物影响下横断面上的流速分布函数积累更多数据。

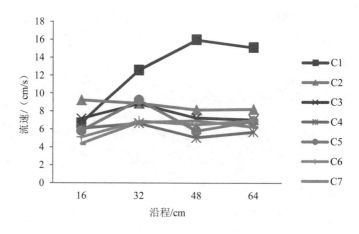

图 5-9 不同横断面流速分布（2#试验床）

5.3 沙棘柔性坝阻滞作用分析

5.3.1 沙棘柔性坝阻力分析

河渠中植物存在，阻滞了水流的运动，增大了水流的阻力，壅高了水位，降低了水流的速度，增大了水流能量损失，从而降低水流对泥沙的启动流速及启动拖曳力，最终可以降低水流的挟沙力，可以最大限度地使泥沙沉降，淤积河床。这些最终都要归功于植物对水流的阻力问题，然而植物种类千差万别，特性各异，导致其对水流的阻力研究一直以来是一个非常棘手的问题，现有的研究也只是在实验室里对一些特定植物进行研究，虽然得出了一些有益的结论，但依然没有很好地得到解决。

　　沙棘植物柔性坝在沟道中的存在，对水流的特性有很大影响，这不仅减少了水力横断面面积，也增强了植物对水流的耗散与局部水流的紊动作用，要考虑植物对水流的耗散。如前所述，在沙棘柔性坝坝前段水位明显地抬高，增大了水深，引起了流速沿纵、横向的变化，与无植物河道的水流纵、横向分布相比较，流速沿纵、横向上的分布显著地发生了变化，其根本原因在于沙棘柔性坝对水流产生了较强的阻力，增大了对水流的扰动作用。在此，根据泊·诺金汉原理（也称量纲和谐原理），对沙棘植物的阻力及其影响因素进行分析与讨论，以期加深沙棘植物柔性坝作用下沙棘植物对水流阻力问题的认识。

　　沙棘植物与水流的相互作用，与沙棘植物自身的生物力学性质有关。沙棘植物在水流的作用下会产生变形，现引入工程力学中弹性系数的概念，定义沙棘植物的弹性系数 $E[\text{N}/（\text{single tree}）]$。植物的密度可用单位面积上的沙棘树的个数表达，用 $C_V（\text{trees/m}^2）$ 表示。则沙棘植物柔性坝的刚度系数可表示为：$T_{rf}=EC_V$。$T_{rf}（\text{N/m}^2）$ 代表了沙棘柔性坝的总刚度，反映了沙棘柔性坝植物群对水流的抵抗程度。

　　根据已有研究，兹认为沙棘植物对水流的阻力与 μ、ρ_s、h、U、$u*$、T_{rf} 有关，其中，μ 为水流的动力黏滞系数，ρ_s 为混水的密度，h 为水深，U 为断面平均流速，$u*$ 为摩阻速度，M 为刚度系数。则沙棘植物阻力系数 λ 可表示为以上影响因素的函数：

$$\lambda=f（\mu,\ \rho_s,\ h,\ U,\ u^*,\ M） \tag{5-1}$$

　　现根据泊·诺金汉原理，将以上函数关系用无量纲形式表达，则为：

$$\pi=f（\pi_1,\ \pi_2,\ \pi_3,\ \pi_4,\ \pi_5,\ \pi_6） \tag{5-2}$$

　　首先，选定 μ、ρ_s、h 三个量作为基本物理量，则 $\pi_1=\pi_2=\pi_3=1$，则有

$$\pi=f（1,\ 1,\ 1,\ \pi_4,\ \pi_5,\ \pi_6） \tag{5-3}$$

　　可简写为：

$$\pi=f（\pi_4,\ \pi_5,\ \pi_6） \tag{5-4}$$

　　现根据量纲分析法，则有：

$$\pi=\frac{\lambda}{\mu^x\rho^y h^z} \tag{5-5}$$

$$\pi_4 = \frac{U}{\mu^{x4}\rho^{y4}h^{z4}} \tag{5-6}$$

$$\pi_5 = \frac{u^*}{\mu^{x5}\rho^{y5}h^{z5}} \tag{5-7}$$

$$\pi_6 = \frac{T_{rf}}{\mu^{x6}\rho^{y6}h^{z6}} \tag{5-8}$$

现选择 $[M, L, T]$ 为基本量纲，以式（5-5）为例，求解式中的物理量的指数，量纲要和谐，须满足 $M^x T^{-x} L^{-x} M^y L^{-3y} L^z = M^{x+y} L^{-x-3y+z} T^{-x} = 1$。

则须满足如下方程：

$$\begin{cases} x+y=0 \\ -x-3y+z=0 \\ -x=0 \end{cases}$$

解之得，$x=0$，$y=0$，$z=0$，则

$$\pi = \lambda$$

对式（5-6）进行求解，同理可得，$M^{x_4+y_4}L^{-x_4-3y_4+z_4}T^{-x_4}=LT^{-1}$，则须满足如下方程：

$$\begin{cases} x_4+y_4=0 \\ -x_4-3y_4+z_4=1 \\ -x_4=-1 \end{cases}$$

解之得，$x_4=1$，$y_4=-1$，$z_4=-1$

则 $\pi_4 = \frac{Uh}{v} = Re$

式中，v——流体的运动黏滞系数；

Re——以水深为特征长度表达的雷诺数。

同理可得：

$$\pi_5 = \frac{u^* h}{v} = Re^*$$

其中，Re——以摩阻速度表达的雷诺数。

同理可得：

$$\pi_6 = \frac{h^2 T_{rf}}{\mu v} = \frac{h\left(\frac{h}{\mu}T_{rf}\right)}{v} = Re^{'}$$

此处将 Re' 称之为用植物刚度系数表达的刚性雷诺数，它与水深、动力黏滞系数与运动黏滞系数及刚度系数有关。

则根据式（5-4），得：

$$\lambda=f(Re，Re^*，\frac{h^2T_{rf}}{\mu v})\qquad(5-9)$$

式（5-9）说明，沙棘植物对水流的阻力系数与雷诺数、摩阻雷诺数及刚性雷诺数有关。当沙棘植物的刚性系数给定时，由于其较强的壅水作用，导致在一定长度范围内的水深增加，则这时的刚性雷诺数增大，表明沙棘植物对水流的阻力作用增强。

5.3.2 沙棘柔性坝阻滞机理分析

在讨论了沙棘植物的阻力系数问题之后，现在可以应用水力学及河流动力学的基本理论，讨论沙棘植物柔性坝的阻滞机理。根据谢才（Chezzy）公式：

$$V = C\sqrt{RJ}\qquad(5-10)$$

式中，V——断面平均流速；

C——谢才系数；

R——水力半径；

J——水力坡度。

又根据达西-魏斯巴赫公式：

$$J=\lambda\frac{1}{4R}\frac{V^2}{2g}\qquad(5-11)$$

式中，λ——阻力系数；

g——重力加速度。

则将达西-魏斯巴赫公式变形可得：

$$\lambda=\frac{8\tau_0}{\rho V^2}=\frac{8U_*^2}{V^2}\qquad(5-12)$$

式中，τ_0——床面剪切力（$\tau_0=\gamma RJ$）；

ρ——水的密度；

U_*——摩阻速度（$U_*=\sqrt{\frac{\tau_0}{\rho}}$）。

由式（5-10）与式（5-11）可得：

$$\lambda = \frac{8g}{C^2} \tag{5-13}$$

又根据曼宁糙率公式:

$$C = \frac{1}{n} R^{\frac{1}{6}} \tag{5-14}$$

则根据式（5-13）和式（5-14）可以分析沙棘植物对水流的阻力变化，沟道中由于沙棘植物存在，增大了沙棘植物柔性坝所在床面的糙率。假定水力半径变化不大或变化微弱，则当 n 增大时，谢才系数减小，则会导致沙棘植物对水流的阻力系数 λ 增大，从而将会增加水流阻力。

另外，我们还可以从牛顿绕流阻力公式出发分析沙棘植物对水流的阻力问题。牛顿绕流阻力公式如下:

$$F_D = \frac{1}{2} C_D \rho A_t V^2 \tag{5-15}$$

式中，F_D——植物的绕流阻力;

C_D——绕流阻力系数;

ρ——水流的密度;

A_t——植物的迎水面积，在此可以看作是耗散水流动量或吸收动量的植物面积;

V——水流的纵向流速。

又根据牛顿内摩擦定律:

$$\tau_0 = F_D / A_b \tag{5-16}$$

式中，A_b——沙棘植物柔性坝所在的沟道床面的面积。

根据式（5-10）、式（5-13）～式（5-16）可得:

$$n = \left(\frac{1}{2g} R^{\frac{1}{3}} C_D \alpha \right)^{\frac{1}{2}} \tag{5-17}$$

式中，$\alpha = \frac{f_v}{BhL}$——植物在水体中的淹没系数;

B——横断面宽度;

h——水深;

L——植物柔性坝顺水流方向长度。

由式（5-17）可看出，当沙棘植物柔性坝的密度增大时，则其在水中的迎水面积增大，淹没系数 α 增大，则引起糙率增大，则谢才系数减小，则断面平均速度会减小，这有利于水体中泥沙的淤积。

5.4 本章小结

根据在陕西眉县所建改进的沙棘柔性坝野外水流试验基地，基于试验观测数据，分析了沙棘柔性坝在梯形试验床面内对水流的阻滞作用，探讨了不同种植参数下，沙棘柔性坝对水流特性的影响，主要包括沙棘柔性坝内水深及流速的纵、横向变化以及垂向速度分布与变化。然后，利用水力学及河流动力学基本理论对沙棘柔性坝的阻滞作用与阻滞机理进行了分析。得出以下几点结论与认识：

不同种植参数的沙棘柔性坝对水流的阻滞作用有显著差异。本研究可为进一步深入研究沙棘柔性坝的拦沙机理奠定基础，并可为沙棘柔性坝在砒砂岩地区的推广与栽植提供理论依据。

（1）小型沙棘柔性坝野外水流试验表明，在沟道内种植沙棘柔性坝后，当水流经过沙棘排时，沙棘会对水流产生阻滞作用，增大了水流的阻力，削减水流床面的剪切力，这有利于泥沙沿程淤积，从而保护沟床不受冲刷。

（2）沙棘柔性坝改变了横断面流速分布，壅高了上游水位，降低了水流的流速，减小了水流的挟沙力，从而减小了上游段一定范围内泥沙的启动概率，使上游来流中所挟带的部分泥沙能够淤积下来，达到了有效拦截沟道上游泥沙的目的。

（3）沙棘柔性坝的拦沙能力取决于沙棘柔性坝的众多种植设计参数，也取决于沙棘柔性坝的长势状况。试验床内柔性坝的坝长、种植方式、种植密度等参数对水流流速都有一定影响，其中坝长是主要影响因素。在坝长一定，同一种植方式下，种植密度越大，对水流的阻力作用越大。

（4）试验床内水流的垂向流速分布与沙棘的长势状况、沙棘灌木上枝、茎、叶的分布状况及沙棘行的排列方式等有关。在有沙棘植物时，流速沿垂线方向的分布发生了较大变化，呈"S"形变化，最大流速发生在水面以下约 0.6 倍的水深处。

（5）本研究由于野外试验条件的限制，未能在横断面上布设更多的监测点，以获取较多的数据，这一点会在后续的研究中加以改进与完善。

（6）沙棘植物对水流的阻力系数与雷诺数、摩阻雷诺数及植物有关的刚性雷诺数有关。当沙棘植物的刚性系数给定时，由于较强的壅水作用，导致在一定长度范围内的水深增加，表明沙棘植物对水流的阻力作用增强。

（7）当沙棘柔性坝的密度增大时，则其在水中的迎水面积增大，淹没系数 α 增大，则引起糙率增大，谢才系数减小，此时断面平均速度会减小，这有利于水体中泥沙的淤积。

6 沙棘柔性坝生态效应分析

研究表明，森林系统结构复杂，功能各异，具有改善气候、减小风沙危害、减小地表径流、调节河川流量、涵养水源、固持和改良土壤等一系列保持水土和改善生态环境的功能。

沙棘属胡颓子科沙棘属植物，是一种生命力极强的灌木或落叶小乔木。研究表明，沙棘的侧根系十分发达，以水平根系为主，具有发达的皮层薄壁组织和多细胞皮，分蘖萌生蔓延能力强，繁殖快，枝叶茂密，生物量大，具有良好的水土保持与生态效应[101,102,113,114]。为了系统研究沙棘植物在治理砒砂岩地区小流域沟道中的生态效应，在内蒙古砒砂岩典型地区准格尔旗东一支沟开展了沙棘植物柔性坝，或称小型人工沙棘林的水保生态效应野外试验。这种沟道内小型沙棘林利用植物对水流的阻力，增大沟槽糙率，从而起到抑制土壤侵蚀与拦沙保水的作用。本章根据实验数据，对这种小型人工沙棘林对土壤有机质的影响与沟道土壤水分动态变化及小尺度范围内土壤水分的空间变异等进行了分析与讨论，以期揭示沙棘植物对砒砂岩地区沟道土壤的改良效应及对土壤水分的调节效应，最后对沙棘柔性坝形成沟道人工湿地的基本条件与潜力进行了分析，这些可为沙棘植物治理砒砂岩地区水土流失提供理论参考。

6.1 沙棘柔性坝对沟道土壤的改良效应

6.1.1 研究区概况与测定方法

6.1.1.1 研究区概况

试验是 2005—2008 年在内蒙古自治区鄂尔多斯境内的准格尔旗东一支沟进行的。准格尔旗属典型的砒砂岩地区，位于鄂尔多斯高原东南部，是较严重的沙尘暴多发区，生态环境十分脆弱。准格尔旗年平均降水量为 389 mm 左右，年内时空分布严重不均，年蒸发量 2 000～2 300 mm，气候属半干旱大陆性季风气候，属典型的丘陵沟壑山区。东一支沟控制流域面积 1.67 km²，沟长 1 628 m，共有支、毛沟 36 条，属左、右支沟为最大，沟道平均比降为 5.66%，沟谷平均坡度 42°，沟谷地下潜水埋深 3～5 m，平均海拔约为 1 385 m。

6.1.1.2 人工沙棘林的平面分布

1997 年开始在东一支沟小流域从上游至下游及左右支沟沟床内，在不同位置布设栽植多片小型沙棘植物林，共布设 9 段，编号为 0#、1#、2# 等，均采用 2～4 年生中国属沙棘苗，按平均行距 2 m，株距 0.3 m，埋深 0.4 m 进行栽植。沟道内各片小型人工沙棘林平面布置见图 6-1，2006 年 10 月对各段小型人工沙棘林的基本特征进行了现场量测与调查，其基本特征见表 6-1。

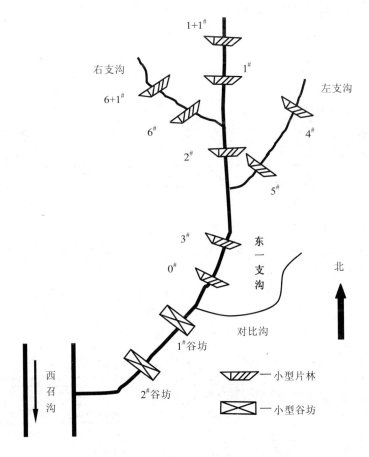

图 6-1 小型人工沙棘林平面布置

表 6-1   各小型人工沙棘林的基本特征

林号	种植行数	种植行距/m	种植棵数	坝长/m	平均比降/%	分布面积/m²	盖度/%
1#	22	2.3	231	48.3	6.22	182.51	80
1+1#	8	2.0	49	14.0	5.24	38.48	85
2#	17	2.7	152	43.2	3.67	144.94	90
3#	13	2.0	108	24.0	3.69	78.18	80
0#	19	2.5	197	49.5	1.82	170.53	95
4#	12	2.0	114	22.0	6.13	81.90	88
5#	18	2.5	175	42.5	4.04	152.79	90
6+1#	14	3.0	52	39.0	5.21	63.64	85
6#	11	2.0	77	22.0	5.70	57.60	90

6.1.1.3   研究区的土壤理化性质

砒砂岩区主要岩土的养分质量分数见表 6-2 所示。

表 6-2   砒砂岩、黄土、风积沙的养分质量分数

岩土	有机质质量分数/%	速效氮、磷、钾质量分数/（mg/kg）			pH
		N	P_2O_5	K_2O	
砒砂岩	0.65	35	1.9	60	8.8
黄土	0.56	29	2.0	86	8.9
风沙土	0.73	30	2.6	88	8.7

注：数据来源见文献[54]，准格尔试验区荒坡，0～20 cm 土层。

表 6-2 反映出砒砂岩区三类岩土养分的含量普遍较低，且十分接近；另外也表明以砒砂岩为母质的土壤具有一定数量的养分，经过自然培肥或人工培肥，完全能够供给植物生长，这也为砒砂岩的治理提供了一定的物质基础。表 6-3 是试验区 2005 年 5 月东一支沟小流域主沟上游沟道表层 0～30 cm 土层的土壤物理性质。

表 6-3   东一支沟道土壤物理性质

位置	田间含水率/%	密度/（g/cm³）	相对密度	孔隙率/%	渗透系数/（cm/s）	有机质质量分数/%
0#	29.01	1.15	2.65	128.69	0.000 054	6.65
1#	10.32	1.36	2.64	93.90	0.000 671	5.66
2#	16.06	1.25	2.62	111.75	0.000 196	6.94
5#	10.46	1.33	2.65	97.79	0.000 235	6.85
对比沟	12.86	1.36	2.70	97.21	0.000 418	3.57

注：0～30 cm 土层。

6.1.1.4 采样与测量方法

　　沿东一支沟从主沟沟头到1#谷坊上游沟口处分别对各典型人工沙棘片林分 C_1、上、中、下游 4 个断面采样（个别片林无 C_1 断面）。林内上、中、下游断面依次为顺水流方向各片林植株第一行、中间和林末最后一行沙棘所在断面，C_1 断面为上游断面前 5 m 处。附近光秃秃的一条类似沟道作为对比沟，对比沟的采样断面仍然分为上、中、下游断面，经过现场与各片林对比分析后，确定在距沟口 287 m、149.5 m、87 m 处。2006 年 10 月对各典型片林及对比沟各采样断面处，沿土壤剖面取 0～10 cm、10～20 cm、20～30 cm、30～40 cm、40～60 cm、60～80 cm、80～100 cm 共 7 个土壤层的有机质及土壤水分进行了测验。所得土样用灼烧法测量有机质，每个土样的含水率重复测 3 次取其平均值，采用烘干法测定。

6.1.2　人工沙棘植物林对沟道土壤有机质的影响

　　有机质是土壤肥力最重要的组分之一，是评价土壤质量的重要指标，对于维持土壤生产力具有重要作用。小型人工沙棘林作为一种恢复砒砂岩地区沟道植物群落的生态措施，它必然会对沟道内土壤有机质及土壤含水率产生影响，进而影响到沟道地表伴生植物群落的恢复。将沟道各小型沙棘植物林处的土壤有机质与对比沟的土壤有机质进行对比分析，以分析沙棘植物对沟道土壤改良效应。

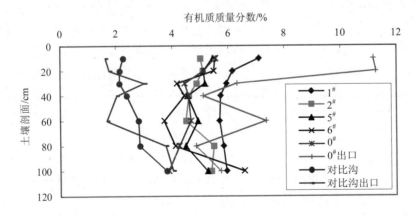

图 6-2　典型林及对比沟各土壤层平均有机质沿土壤剖面分布

　　图 6-2 是各典型林段及对比沟不同部位各土壤层平均值沿土壤剖面分布，图 6-2 中 0# 出口位于 0# 片林下游断面处，对比沟出口位于对比沟流入东一支沟的入汇口处。表 6-4 是典型林段及对比沟不同部位各土壤层有机质平均值沿土壤剖面

分布的统计参数。不同断面各土壤层平均值沿土壤剖面分布可以反映单个小型沙棘林段的有机质沿土壤剖面分布的整体平均情况，对比沟也如此。

表 6-4　典型林及对比沟不同部位各土壤层有机质平均值沿土壤剖面分布的统计参数

林号	最小值/%	最大值/%	均值/%	标准差	变异系数	95%置信区间/%
1#	5.68	7.1	6.05	0.49	0.08	5.59～6.50
2#	4.48	5.46	4.98	0.37	0.07	3.45～5.64
5#	4.47	5.44	4.97	0.36	0.07	4.65～5.32
6#	3.71	6.57	4.86	1.03	0.21	3.91～5.80
0#	3.87	5.54	4.64	0.553	0.119	4.12～5.15
0#出口	4.84	11.27	7.39	2.74	0.37	4.86～9.93
对比沟	2.13	3.78	2.62	0.59	0.225	2.07～3.17
对比沟出口	1.63	4.02	2.56	1.03	0.4	1.61～3.51

图 6-2 表明，各典型沙棘植物林的土壤有机质均大于对比沟和对比沟出口位置，且沿土壤剖面分布与对比沟显然不同，对比沟是表层土壤最小，沙棘植物林是表层和底层含量较大，中间较小，这比较符合植物群落恢复过程中有机质的演变规律[115]。从表 6-4 中的统计数据可见，各小型沙棘林的土壤剖面有机质平均值比对比沟要高得多，平均约是对比沟有机质均值的 2 倍；1#、2#、5#、6#及 0#林的变异系数小于 0.22，其中 1#、2#、5#片林均小于 0.1，这表明 1#、2#、5#、6#及 0#林的土壤有机质沿土壤剖面的分布变异性较小，有机质分布较稳定，且有趋于沿剖面分布均匀化的趋势，这有利于植物根系与土壤的相互作用。0#林出口位置的有机质沿土壤剖面的变异系数为 0.37，变异较大，表明 0#林出口位置的有机质沿土壤剖面分布变化较大，且比沙棘植物片林和对比沟整体有机质沿土壤剖面变异都大，对比沟出口位置的有机质沿土壤剖面分布变异最大。原因可能是 0#林出口位于 1#谷坊微型水库的上游，0#林是种植最早的，林龄最大已达 13 年，从现场来看，0#片林长势最好，0#林出口处植物种类较多，地表植物群落恢复非常好，就在 0#林出口处的边上约 670 m² 的口粮滩田，经调查，当地农民反映说现在此处种的包谷、土豆等农作物长势比以前沟道无沙棘植物林前要好得多，且产量比以前也高，这可能与 0#林出口处有机质含量的提高有关，相应地也影响到了 0#林有机质土壤剖面分布。对比沟由于缺乏植物根系对土壤有机质分布的调节，使得有机质在沿土壤剖面方向的分布变异较大，且含量甚少。

由图 6-2 还可看出，各片林土壤有机质沿土壤剖面分布的形状几乎相同，呈现出大"U"形，但 0#林出口处略有不同，呈现出"W"形。在剖面上部 0～40 cm

土壤层的有机质变幅较大，1#、2#、5#、6#和0#是随土壤层深度的增加，有机质逐渐减小；然后在40～80 cm土层有机质缓慢减小并趋于稳定，在60～100 cm土层沿深度有机质却迅速增大。对比沟不同部位的有机质沿土壤剖面的变化与各片林显著不同，大致呈现出"L"形，对比沟的变化是沿土壤深度的增加而逐渐增大，但其土壤剖面平均值显著小于各沙棘片林。造成这种原因是沙棘植物片林的存在，片林沟道土壤地表植物群落的逐渐恢复，地表枯枝落叶层的腐殖质成为土壤有机质的重要来源，根系的死亡代谢及根系的分泌物也是土壤有机质的来源，从而增加了土壤有机质，大大改善了土壤肥力，并最终造成了沙棘植物沟道土壤有机质沿土壤剖面分布的格局。对比沟光秃秃的地表，由于缺乏植物群落，土壤有机质显得较为贫乏，而且对比沟的有机质沿土壤剖面分布与沙棘植物片林土壤有机质沿剖面的分布明显不同，这就说明沙棘植物影响了有机质沿土壤剖面分布格局，并有利于提高沟道土壤有机质，提高土壤肥力，改良土壤。

6.1.3 砒砂岩沟道土壤改善及土壤肥力空间变异分析

6.1.3.1 沙棘柔性坝概况

1997年在东一支沟1#谷坊回水末端以上约30 m处布设0#沙棘柔性坝(图6-3)，坝龄已约17年，长势良好。截至2010年8月，平均基径约11 cm，平均冠幅约2.6 m，平均高度约3.8 m。0#沙棘坝构成基本特征：种植行数共15行，梅花形交错种植，行距2.5 m，株距0.40 m，坝长35 m。

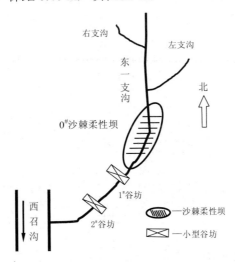

图6-3 0#沙棘柔性坝在东一支沟中的位置

6.1.3.2 采样位置及方法

2010 年 8 月 2 日对东一支沟 1#谷坊上游的 0#沙棘柔性坝所在沟槽、左谷坡半坡面、左谷坡顶坡面等部位及对比沟（附近一条光秃秃无植物的小型空白沟道）沟槽典型位置处进行采样，每个采样点位沿土壤剖面取表层 0～5 cm、5～10 cm、10～20 cm、20～30 cm、30～40 cm、40～60 cm、60～80 cm、80～100 cm 共 8 个土壤层进行了有机质与土壤养分测验。0#沙棘柔性坝所在沟槽草本植物以长针尖茅草为主，长势茂密，兼有其他少数种类植物，并有少量乌柳，根部附近还伴有新萌发的 1～2 年生的沙棘幼苗，覆盖度约为 90%；左谷坡半坡面以碱草为主，伴有少量柠条、狼毒、沙蓬等植物，覆盖度约为 30%；左谷坡顶坡面以针茅草+狼毒+沙蓬+羊耳朵片等草本植物覆盖度约为 40%。采样当日天气晴朗，据群众反映，该区已一个多月未降雨，比较干旱。沙棘柔性坝所在沟槽中心位置向上、下游延伸，确定 4 个取样点位，彼此间隔 2 m，分别命名为 G1、G2、G3、G4；在左谷坡坡顶与沟槽平行方向也确定 4 个取样点位，彼此间隔 2 m，分别命名为 TS1、TS2、TS3、TS4；在左谷坡半坡面中心位置布设 1 个采样点位，命名为 HSC；对比沟则在沟槽内的上、中、下游及出口处共布设 4 个采样点位，位置分别为距沟口 245 m、150 m、87 m、15 m 处，分别命名为 CG1、CG2、CG3、CG4。采样点位的左谷坡半坡面高程与沟槽相差约 3 m，左谷坡顶坡面高程与半坡面相差约 5 m，各采样点位置见图 6-4。所得土样经处理后，有机质采用重铬酸钾法测，并用瑞士万通公司生产的 785DMP 型自动电位滴定仪滴定；土壤铵态氮采用纳氏试剂比色法测定；有效磷采用钼蓝比色法测定；速效钾采用四苯硼钠比浊法测定，均用 $NaHCO_3$ 作为浸提剂。

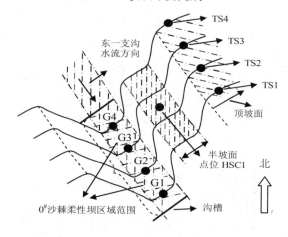

图 6-4 采样点位示意

6.1.3.3 沙棘柔性坝对土壤肥力的影响与改善作用

土壤肥力主要体现在有机质与土壤养分含量的高低，已有研究表明植物对提高与改善土壤肥力有一定的作用。0#沙棘柔性坝沟道与对比沟沟道的土壤有机质含量大小及剖面变化有较大差异（图6-5、图6-6），0#沙棘柔性坝所在沟槽处四个样点的土壤有机质沿土壤剖面变化趋势基本是一致的，即随着土壤深度的增加，有机质含量迅速减小并在一定土壤厚度范围内小幅变化（图6-5）；0#沙棘柔性坝沟槽处土壤有机质主要集中在 0～30 cm 的近地表土壤层，30～40 cm 土层有机质含量继续略微减小，在 40～60 cm 深度内土壤有机质含量趋于稳定，在 60～80 cm 深度范围内土壤有机质含量小幅增加，在 80～100 cm 深度范围内土壤有机质缓慢减小；0#沙棘柔性坝所在沟槽处土壤有机质均表现出富集于表土层的表聚现象（图6-5、图6-6），发生这种现象的原因可能一是由于沙棘柔性植物的存在与生长，影响与改善了沟道土壤质地条件，包括光热条件、土壤粒径机械组成、土壤孔隙度、土壤水分条件等；二是沙棘柔性坝的地表层具有较多的枯枝落叶，枯枝落叶层可以增大地表土壤孔隙度，疏松土壤，从而增加沟槽地表土壤入渗，增大土壤储水量，有利于地表植物群落的恢复，笔者也从现场观测到，由于沟槽土壤含水量较大，地表草本植物种类较多，尤其是长针茅草长势茂盛，枯枝落叶层、草本植物的死亡代谢、植物根系的分泌物及微生物的代谢等都可给地表土壤提供丰富的腐殖质，这些都有利于增加地表土壤层的有机质，对于表聚现象的形成具有重要作用；三是沙棘植物的根系主要集中分布在 20～60 cm 的土壤厚度范围内[12,13]，且呈水平横向发展，根系一方面吸收利用土壤中的有机质，另一方面死亡的部分根系又给土壤提供有机质，这种根系与有机质的交互作用也可能对表聚现象的形成有一定作用。

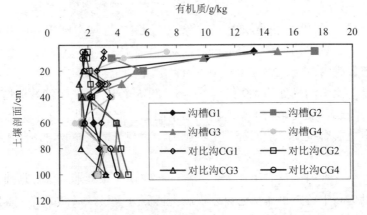

图6-5 沙棘柔性坝沟槽与对比沟各点位有机质沿土壤剖面变化

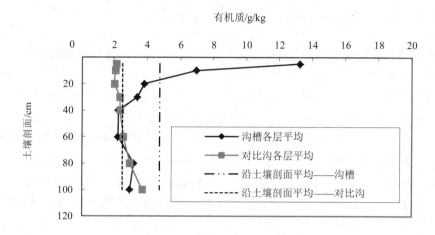

图 6-6　沟槽与对比沟各土壤层有机质平均值沿土壤剖面变化

光秃秃无植物的对比沟沟槽各处土壤有机质含量沿剖面近似呈"L"形变化，而 0#沙棘植物柔性坝沟槽处土壤有机质含量沿剖面近似呈"Γ"形变化，两者在剖面上的分布与变化差异较大，沙棘柔性坝沟槽在 0~30 cm 土层内的有机质含量平均为 8.01 g/kg，而对比沟沟槽处各点位在 0~30 cm 土层内的有机质含量基本保持稳定且仅有 2.06g/kg，沙棘柔性坝沟槽在此范围内的有机质含量约是对比沟沟槽的 4 倍，而在 30~100 cm 土层范围内的有机质含量变化与沙棘坝沟槽在此土层范围内大致相当，呈现出随着土层深度的增加有机质含量也缓慢增大，在 100 cm 处达到了 4 g/kg（图 6-5、图 6-6）。对比沟沟槽由于没有植物，缺乏土壤有机质的根本来源，也不存在植物与土壤有机质的相互作用，因而形成了土壤有机质沿剖面的"L"形分布，即近地表层的土壤有机质含量甚微，在 40 cm 以下的土壤深度范围内土壤有机质含量缓慢增大的现象。0#沙棘柔性坝沟槽在 0~100 cm 土壤剖面上有机质含量平均值是 4.75 g/kg，而对比沟沟槽在 0~100 cm 土壤剖面上有机质平均值仅为 2.50 g/kg。在 0~100 cm 土壤剖面上有机质平均值，0#沙棘柔性坝沟槽处是对比沟沟槽处的 1.9 倍（图 6-5、图 6-6）。这表明沙棘植物与草本植物的存在与生长可显著影响土壤有机质沿剖面的分布与变化，能有效改善与提高砒砂岩沟道土壤有机质，从而提高土壤肥力，有利于地表植物群落与生态环境的恢复。

土壤养分含量与土壤有机质含量的高低有密切关系。沙棘柔性坝通过沙棘植物不仅可以提高土壤有机质，还可以提高土壤养分含量，从而改善土壤肥力。沙棘柔性坝沟槽与对比沟沟槽处土壤铵态氮、有效磷、速效钾沿土壤剖面的分布及变化也有显著差异,沙棘柔性坝沟槽各土壤养分含量均比对比沟槽要高(图6-7)。在0～30 cm土层,沙棘坝沟槽铵态氮、速效钾含量变化较快,均随着土层深度的增加迅速减小,在30～100 cm土壤层变化较小,呈现小幅波动,这与前述土壤有机质沿剖面的变化具有一致性;沙棘坝沟槽有效磷在0～100 cm厚度土壤剖面上呈现出先增大(0～20 cm),再减小(20～40 cm),再增大(40～60 cm)而后减小(60～100 cm)的趋势,而对比沟槽铵态氮含量较小,有效磷含量甚微,并且沿剖面深度变化较小,呈现出散乱的"S"形变化,对比沟槽速效钾与沙棘坝沟槽速效钾沿土壤剖面的变化趋势基本一致,呈现出"Γ"形变化,这可能是由于对比沟道光秃,土壤有机质与土壤养分含量及变化均呈现出自然背景特征,没有受到植物影响。总体上,沙棘坝沟槽土壤养分沿剖面变化与有机质沿剖面变化有些类似(图6-6),呈现出"L"形变化,这可能是由于土壤养分含量取决于土壤有机质并与之密切相关这一原因造成的。沙棘柔性坝沟槽不同土壤养分含量均比对比沟槽高很多,在0～30 cm土壤层次上,沙棘坝沟槽土壤铵态氮含量是对比沟槽铵态氮含量的2.5倍,有效磷含量是对比沟槽有效磷含量的5.73倍,速效钾含量是对比沟槽速效钾含量的1.5倍;在30～100 cm土壤层次上,沙棘坝沟槽土壤铵态氮含量是对比沟槽铵态氮含量的1.5倍,有效磷含量是对比沟槽有效磷含量的9倍,速效钾含量是对比沟槽速效钾含量的1.4倍(图6-7、表6-5)。沙棘柔性坝沟槽与对比沟槽不同土壤层次土壤养分含量高低及沿剖面变化的差异性,表明沙棘植物可显著提高砒砂岩沟道土壤养分含量,尤其是近地表土壤层(0～30 cm)的养分含量,因而可提高沟道土壤肥力,改善土壤,有利于地表植物的生长;还可明显影响其沿土壤剖面的分布与变化,沙棘植物根系一方面吸收土壤养分,另一方面沙棘植物死亡的根系与腐殖质可提供给土壤较多养分,这种沙棘植物与土壤养分的交互作用造成了沿土壤剖面的不同变化与分布形态,当然也与土壤理化性质等有关。

表6-5　沙棘坝沟槽与对比沟槽不同土层养分比较

位　置	土层/cm	铵态氮/(mg/kg)	有效磷/(mg/kg)	速效钾/(mg/kg)
沙棘坝沟槽	0～30	7.78	30.13	104.63
	30～100	5.13	37.43	52.88
对比沟槽	0～30	3.13	5.26	70.13
	30～100	3.45	4.16	37.85

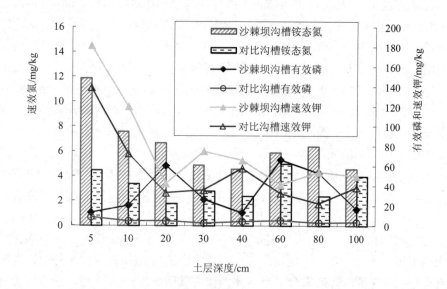

图 6-7　沙棘坝沟槽与对比沟槽铵态氮、有效磷、速效钾沿剖面变化

上述沙棘柔性坝沟槽与对比沟沟槽土壤有机质与土壤养分含量及其沿土壤剖面的分布与变化，表明沙棘植物柔性坝可明显改善砒砂岩沟道土壤质量，显著提高沟道土壤肥力，这有利于沟道植物群落的生长与砒砂岩小流域沟道生态环境的恢复。

6.1.3.4　沙棘柔性坝沟道土壤肥力空间变异分析

土壤是高度空间异质性的，土壤肥力（通过有机质与土壤养分来反映）在空间上也具有复杂的空间异质性，土壤有机质与土壤养分在剖面上的变异及其在不同立地条件下的差异是土壤肥力空间异质性的重要反映之一[116,117]。因此，有必要对土壤有机质与土壤养分在不同立地条件下沿剖面上的变异及差异进行分析，以此探讨沙棘柔性坝沟道土壤肥力在空间上的变异性，这对于研究小流域沟道生态系统的恢复与重建具有重要作用。

东一支沟 0# 沙棘柔性坝沟道半坡面与顶坡面的有机质、铵态氮、有效磷、速效钾沿剖面变化见图 6-8。半坡面与顶坡面的土壤有机质与土壤养分沿剖面变化与沙棘坝沟槽及对比沟沟槽处的剖面变化有显著不同（图 6-8）。半坡面与顶坡面的土壤有机质含量沿剖面的变化大体与 0# 坝沟槽处的土壤有机质含量沿剖面变化类似，都是近地表 0～30 cm 土层内有机质含量较大且变化程度较强，也表现出一定

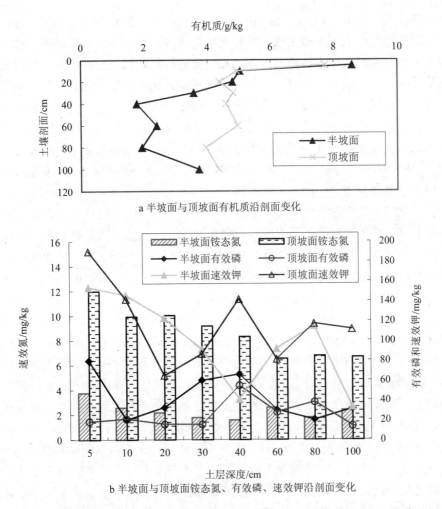

a 半坡面与顶坡面有机质沿剖面变化

b 半坡面与顶坡面铵态氮、有效磷、速效钾沿剖面变化

图 6-8 沙棘坝沟道半坡面与顶坡面有机质、铵态氮、有效磷、速效钾沿剖面变化

程度的表聚现象，只不过程度比 0# 坝沟槽处的表聚程度弱一些，半坡面整体上土壤有机质含量要小于坡顶，且在 30～100 cm 范围内表现得最为明显，在 30～100 cm 深度范围内顶坡面有机质含量约是半坡面有机质含量的 1.5 倍，但都比沙棘坝沟槽有机质含量要小；沙棘坝沟槽、半坡面、顶坡面的有机质沿剖面变化趋势大体一致，但都与对比沟沟槽显著不同（图 6-8（a）、图 6-6）。原因可能是半坡面与顶坡面均分布有稀疏的草本植物，半坡面以碱草为主，覆盖度约 30%；顶坡面以碱草、沙蓬、狼毒、少量柠条等少数种类植物分布为主，但无较大的乔木分布，覆盖度约为 40%；草本植物的根系分布较浅，其根系与土壤有机质的作

用土层深度大约在 0～30 cm，与 30～100 cm 土层内的有机质作用相对较弱；另外，不同立地处的土壤机械组成、物理化学性质等均有所不同，沙棘坝沟槽由于有沙棘植物及其地表草本植物的存在，加之地势较低，水分条件较好，所以有机质含量要高一些，且沿土壤剖面变化较为强烈，表聚程度也较强。不同立地空间位置处（沙棘坝沟槽、半坡面、顶坡面）土壤养分沿剖面变化趋势是，铵态氮、速效钾沿土壤剖面的变化趋势基本一致，在 0～20 cm 土层内，均迅速减小，在 20～100 cm 土层内相对平稳些，仅有小幅变动而已；有效磷含量沿剖面变化有所不同，在 0～20 cm 土层内含量较小且变化程度较弱，在 20～100 cm 内变化较大，且平均含量也略有增大（图 6-7、图 6-8（b））。

不同空间部位土壤有机质与土壤养分沿剖面变化的统计特征值见表 6-6。各空间部位土壤有机质沿剖面的最大值均出现在 0～5 cm 土层，大小顺序是"沟槽＞半坡面＞顶坡面"，分别为 13 240＞8 570＞7 720（mg/kg）；在 0～30 cm 剖面有机质平均值大小顺序为"沟槽＞半坡面＞顶坡面"，分别为 8 010＞6 130＞5 670（mg/kg），这与最大值出现的空间部位排序是一致的，且该土层是与植物根系作用密切的区域；但在 0～100 cm 剖面上有机质平均值大小顺序为"顶坡面＞沟槽＞半坡面"，分别为 4 960＞4 750＞3 970（mg/kg），顶坡面沿 0～100 cm 剖面有机质平均值比沙棘坝沟槽略大些。根据余新晓[118]对变异系数的划分，从变异系数的大小可看出土壤有机质含量沿土壤剖面变异的强弱。从表 6-6 可见，0#沙棘柔性坝沟槽处土壤有机质含量在剖面上属于强度变异（变异系数为 0.80），半坡面属于中强度变异（变异系数为 0.56），顶坡面为弱度变异（变异系数为 0.24），变异次序为"沟槽＞半坡面＞顶坡面"。不同空间位置铵态氮沿剖面变异强弱为"顶坡面＞沟槽＞半坡面"，沙棘坝沟槽与半坡面属弱度变异，顶坡面属中度变异；有效磷的空间位置变异强弱次序为"沙棘坝沟槽＞顶坡面＞半坡面"，除沙棘坝沟槽属中强度变异（变异系数 0.67）外，半坡面与顶坡面均属中度变异；速效钾沿土壤剖面变异强弱为"沙棘坝沟槽＞半坡面＞顶坡面"，沙棘坝沟槽属中强度变异，半坡面与顶坡面属弱度变异（图 6-7、图 6-8）。总体来看，沙棘坝沟槽除铵态氮变异较弱外，其余养分指标沿剖面的变异均属较强变异，其中有机质沿剖面变异最强，均大于其他空间位置土壤养分指标沿剖面的变异。上述分析表明，在小流域沟道内，反映土壤肥力的各土壤养分指标的变异程度大体上是随着海拔高度的上升而下降，土壤有机质与养分沿剖面变异可能主要受地形、地表植被种类及覆盖度的影响，沙棘柔性坝沟槽由于 0#沙棘柔性坝沙棘植物及地表植物群落与地形的影响，提高了沟槽植被覆盖度与土壤水分含量，顶坡面的植被覆盖度次之，半坡面植被覆盖度则最低，加之受地形高程的影响，改变了不同空间位置的水、热、光照与温度等条件，因而不同空间位置处土壤有机质与土壤养分含量在剖面上的变异强弱程度不同。由此可见，土壤肥力的土壤有机质和土壤养分沿剖面的分布和变异主要与地表植物群落的种类和覆盖度有关，当然也与微地形及不同空间部位土壤颗粒级配及理化性质有关；也从侧面说明了砒砂岩沟道由于沙棘植物柔性坝的存在，可显著提高沟道近地表土壤层（0～30 cm）的肥力，从而有助于恢复沟床面植物群落，增加沟床面糙度，从而达到拦沙保水恢复生态的目的。

表 6-6　不同空间部位土壤有机质与土壤养分沿剖面变化的统计特征值

空间位置	土壤肥力	最小值/（mg/kg）	最大值/（mg/kg）	均值/（mg/kg）	标准差	变异系数	95%置信区间/（mg/kg）
沙棘坝沟槽	有机质	2 220	13 240	4 750	3 740	0.80	1 620～7 880
	铵态氮	4.6	11.9	6.6	2.4	0.37	4.6～8.6
	有效磷	13.2	66.2	33.7	22.5	0.67	15.0～52.6
	速效钾	41.5	181.1	78.8	48.5	0.62	38.2～119.3
半坡面	有机质	1 770	8 570	3 970	2 230	0.56	2 110～5 830
	铵态氮	1.6	3.8	2.35	0.70	0.30	1.8～2.9
	有效磷	20	80	42.4	22.9	0.54	21.3～61.5
	速效钾	33	154	99.4	44.6	0.45	62.1～136.6
顶坡面	有机质	3 940	7 720	4 960	1 170	0.24	3 980～5 930
	铵态氮	6.6	22.1	9.9	5.1	0.51	5.7～14.2
	有效磷	13.9	54.8	25.6	14.6	0.57	13.7～37.5
	速效钾	61.3	190.3	115.7	44.9	0.39	78.2～153.2

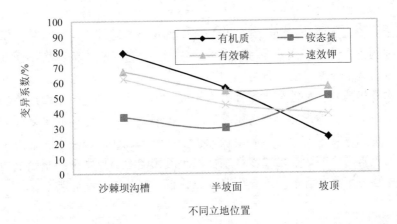

图 6-9　不同立地位置土壤养分变异系数

6.1.4 结论

本节通过在内蒙古鄂尔多斯准格尔旗东一支沟所进行的沙棘柔性坝原型试验，根据沙棘柔性坝沟道及对比沟沟道不同空间部位的土壤有机质与养分试验数据，运用统计学方法，对沙棘植物改善与提高砒砂岩沟道土壤肥力的作用进行了分析，并对沙棘柔性坝沟道不同空间部位土壤有机质与养分在不同立地条件下的空间变异进行了探讨，结果表明：

（1）沙棘柔性坝能显著提高砒砂岩沟槽土壤有机质与养分含量，改善土壤肥力。沙棘柔性坝沟槽土壤有机质及各养分含量均比对比沟槽要高，在 0～30 cm 土壤层次上，沙棘柔性坝沟槽土壤有机质含量约是对比沟沟槽的 4 倍，沙棘坝沟槽土壤铵态氮含量是对比沟槽铵态氮含量的 2.5 倍，有效磷含量是对比沟槽有效磷含量的 5.73 倍，速效钾含量是对比沟槽速效钾含量的 1.5 倍。

（2）沙棘柔性坝对沟槽土壤有机质与土壤养分剖面分布有明显影响。沙棘柔性坝沟槽土壤有机质与土壤养分均发生明显富集于 0～30 cm 土层的表聚现象，对比沟土壤有机质与土壤养分在剖面上不存在表聚现象；沙棘柔性坝沟槽处土壤有机质含量沿剖面（0～100 cm）呈"Γ"形变化，而对比沟的土壤有机质含量沿剖面呈"L"形变化；沙棘坝沟槽土壤养分沿剖面变化与有机质沿剖面变化相似，也呈现出"L"形变化。

（3）沙棘柔性坝沟道土壤肥力空间变异分析表明，沙棘坝沟槽除铵态氮变异较弱外，有机质、有效磷与速效钾沿剖面的变异均属强度变异，其中有机质沿剖面变异最强，均大于半坡面与顶坡面土壤各养分指标沿剖面的变异。沙棘柔性坝沟槽处土壤有机质含量空间位置剖面变异强弱为"沙棘坝沟槽＞半坡面＞顶坡面"，铵态氮空间位置剖面变异强弱为"顶坡面＞沟槽＞半坡面"，有效磷空间位置剖面变异强弱为"沙棘坝沟槽＞顶坡面＞半坡面"，速效钾空间位置剖面变异强弱为"沙棘坝沟槽＞半坡面＞顶坡面"。

土壤有机质与土壤养分含量及其在剖面上的分布与变化受土壤质地、地表植物种类及覆盖度、地形、土壤含水量、土壤机械组成与理化性质等多种因素的影响，是一个比较复杂的问题。本节仅分析了沙棘柔性坝对砒砂岩区小流域沟道土壤肥力的改善与影响，探讨了沙棘柔性坝小流域沟道小尺度不同立地空间部位土壤有机质与土壤养分含量的差异与在剖面分布上的变异性及可能原因。

6.2 沙棘柔性坝对土壤水分的影响

6.2.1 人工沙棘植物林对沟道土壤水分的影响

研究表明[119-121]，土壤水分是干旱区植物生长与变化的重要影响因子，对区域生态恢复具有重要意义。图 6-10 是典型的小型沙棘林土壤与对比沟的含水率剖面分布对比，包括 2005 年 8 月 6#沙棘林与对比沟的对比，2006 年 10 月典型沙棘林与对比沟的对比；表 6-7 是各小型沙棘林土壤与对比沟的含水率剖面分布统计参数。从图 6-10 可看出，2006 年 10 月所测的各人工沙棘植物林的土壤含水率沿土壤剖面的分布形状较类似，在 0~60 cm 土壤深度，各小型沙棘林的土壤水分都比对比沟大得多，该厚度内土壤水分的变化是随着土壤层深度的增加，土壤水分迅速减小，且变化梯度很大。而对比沟却是变化幅度较小，在 0~20 cm 土壤层内是随深度增加，土壤水分缓慢减小，在 20~60 cm 土壤厚度层内却略微增大，与沙棘林的土壤水分的变化趋势大不同。产生这样的变化原因一是沙棘林沟道地表伴生植物较多，加上枯枝落叶形成的地表覆盖层，大大地减少了沟床土壤水分的蒸发；二是据李代琼[5]的研究及笔者现场开挖调查，沙棘的根系主要分布在 0~40 cm 土壤深度内，并呈水平横向分布，这样的根系分布导致沙棘根系利用土壤水分活跃，增加了 0~60 cm 深度土壤层的含水率及剧烈的变化梯度；三是若降雨时，小型沙棘林具有一般森林的树冠截留雨水、地表延缓径流、增大土壤入渗等生态水文特性，也增加了该深度范围内的前期土壤水分。而对比沟由于地表光秃，导致近地表土壤层蒸发强烈，土壤水分损失较大，且雨季时由于径流速度较快而流往下游，入渗较小，加之其他因素综合形成了 0~60 cm 深度内的土壤水分分布格局。在 60 cm 深度以下，即 60~80 cm 土壤深度内，对比沟的土壤水分比各沙棘植物林的略大些，不同的是对比沟在该土壤深度层内土壤水分随深度的增加而增加，且梯度较大，而沙棘林的土壤水分变化较缓慢，且随深度的增加略显稳定，这也主要是由于沙棘根系与下部的土壤水分的交互作用造成的。在 0~100 cm 整个剖面深度上，根据表 6-7 中数据可知，各沙棘林的土壤水分平均值都比对比沟大得多，平均是对比沟的 1.37 倍；在剖面上的变异除 2#和 5#林段外都比对比沟大些，尤其是 1#片林最大，为 0.48，2#林变异最小为 0.16，这可能是由于沙棘林所处的沟坡地形、土壤颗粒级配及降雨等不确定性因素造成的。2005 年 8 月 6#片林的土壤水分剖面分布大体上与2006 年 10 月各沙棘林的分布类似,剖面平均土壤含水率由表 6-7 可知为 12.65%，

变异系数也达到了 0.42，远比 2006 年 10 月的各沙棘林的大得多，不同的是 6#
片林在 0～10 cm 的表层土壤内迅速增大，表层土壤含水率很高，达到了 24%，
之后迅速减小，这是由于 8 月观测之前刚下过一场暴雨所致；2005 年 8 月的对
比沟剖面含水率变异是最小的，变异系数为 0.14，但平均土壤含水率较大，是
9.99%，但是相比本月 6#林的平均水分值 12.65%还是要小得多。另外，2005 年
8 月的对比沟剖面含水率比 2006 年 10 月的沙棘林和对比沟都大，这可能是由于
8 月是本地的汛期雨季，降雨概率要大于 10 月，但蒸散发都较强烈，10 月属于
非汛期，已进入冬季干旱缺雨期，蒸发较强等原因综合造成的。另外，从两年
不同时期的沙棘植物林与对比沟的土壤水分剖面分布曲线的交叉点来看，50～
60 cm 范围应该是沙棘植物对土壤水分沿剖面分布影响的局部转折范围，这有待
于今后继续加以研究，以分析证实这一点。总而言之，从沙棘植物与对比沟土
壤含水率剖面分布的对比表明，沙棘植物显著增加了砒砂岩地区沟道 0～100 cm
深度内的土壤含水率，尤其是近地表部分的土壤层，这相当于增加了沟道地下
土壤水库的库容，起到调节沟道土壤水资源的作用，这极其有利于沟道地表植
物及次生植物群落的恢复与生长，从而达到拦沙保水的目的，可有效地遏制沟
道土壤侵蚀与水土流失。

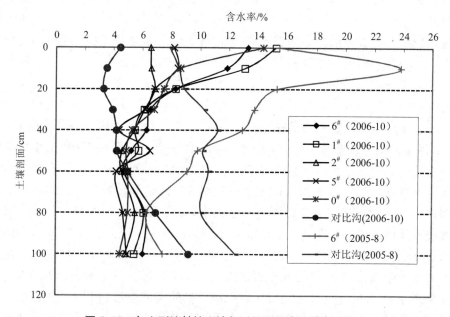

图 6-10　各小型沙棘林土壤与对比沟的含水率剖面分布

表 6-7 各小型沙棘林土壤与对比沟的含水率剖面分布统计参数

时间	林号	最小值/%	最大值/%	均值/%	标准差	变异系数	95%置信区间/%
2006.10	6#	4.70	13.27	7.60	2.99	0.39	5.29~9.90
	1#	4.77	15.19	7.80	3.76	0.48	4.91~10.68
	2#	4.51	6.85	5.66	0.91	0.16	4.97~6.36
	5#	4.18	8.40	6.02	1.60	0.27	4.79~7.25
	0#	4.43	14.33	6.86	3.14	0.46	4.45~9.27
	对比沟	3.28	9.20	4.95	1.91	0.39	3.48~6.42
2005.8	6#	6.29	23.81	12.65	5.35	0.42	8.53~16.75
	对比沟	7.84	12.45	9.99	1.42	0.14	8.91~11.08

6.2.2 沙棘柔性坝影响下砒砂岩沟道土壤水分空间变异分析

土壤水分是植物生长最大的限制因子，对干旱半干旱地区环境变异有重要影响。植物通过根系与土壤水分相互作用，会对不同尺度土壤水分空间变异产生影响，较大的尺度由于随机性的增强会掩盖小尺度范围内的结构性，因此想要了解小尺度范围内的结构性，仅靠较大观测尺度取样的数据是不够的，还必须在小尺度或微尺度范围内抽样测量并进行分析（Webester R.，1985；Trangmar B. B.，1985；Li H. B.，1992）[116,117]。本书对植有沙棘柔性坝的砒砂岩小流域沟道与对比沟道土壤水分在小尺度下的空间变异进行了分析与对比，以反映沙棘影响下沟道土壤水分小尺度空间变异特征，这对于分析沙棘柔性坝沟道土壤水库的形成与变化、对沟道径流与水资源的调控等都具有重要的理论和实际意义。

6.2.2.1 样点布设概况

以东一支沟中的 0#沙棘柔性坝沟道土壤为研究对象，0#沙棘柔性坝位于东一支沟沟道出口附近 1#谷坊以上约 600 m 处，其他各沙棘柔性坝见图 6-1。0#沙棘柔性坝于 1996 年栽植，共栽植 19 行，行距 2.5 m，株距 0.4 m，截至 2011 年已 15 年坝龄；2011 年 8 月经生态观测，平均基径 14 cm，平均树高 4.4 m，平均冠幅 3.2 m。地表主要由本氏针茅草（*Stipa capillata* Linn）构成，盖度约 90%。2010 年 8 月 5 日经当地群众反映，该区已连续 20 多天未降雨，气候较为干旱。8 月 6 日在 0#坝沟道中选取约 50 m² 的矩形作为采样区域，按间距 1 m 均匀布点，南北方向（顺水流方向）共 10 行，东西沿宽度方向共 5 列。选取东一支沟左岸的一条光秃的约 200 m 长的支沟作为对比沟，在对比沟中游沟道床面上也选取约 50 m² 的矩形采样区域，按与 0#坝同样的方法均匀布点（图 6-11）。在各样点上沿土壤剖面 5 cm、10 cm、20 cm、30 cm 处取样后混合均匀，作为每个样点处近地表 0~30 cm 土壤层样品，然后密封后带回实验室按标准方法处理后用烘干称重法测定（105℃恒温烘干）。

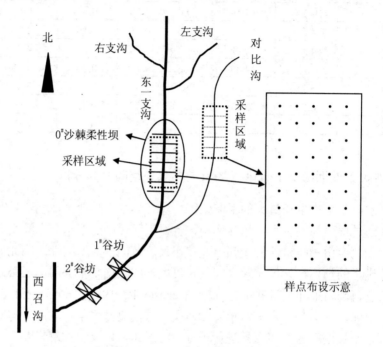

图 6-11   0#沙棘植物坝及采样区域位置及样点布设示意

6.2.2.2   研究方法

采用地统计学方法对砒砂岩沟道沙棘柔性坝与对比沟沟道样方的土壤水分空间变异特征进行分析。20 世纪 70 年代以后，地统计学开始应用于土壤学与水资源学研究，目前更被广泛地应用到景观生态学与水文生态学方面的研究[122,123]。地统计学主要是以变异函数为工具，分析区域化变量的空间变异，包括随机性变异与结构性变异[124,125]。设 $z(x)$ 为区域化随机变量，并满足二阶平稳和本征假设，h 为两样本点的观测值 $z(x_i)$ 与 $z(x_i+h)$ 的分隔距离，则半变异函数计算公式为：

$$\gamma(h) = \frac{1}{2N(h)} \sum_{i=1}^{N(h)} \left[z(x_i) - z(x_i + h) \right]^2 \quad (i = 1, 2, \cdots, N(h)) \tag{6-1}$$

其中 $N(h)$ 是以 h 分隔的数据对个数。根据式（6-1）可绘出 $\gamma(h)$ 与 h 的实验变异函数曲线，然后对该实验变异函数曲线用理论模型拟合，常用的理论模型是球状模型，该理论模型如下：

$$\gamma(h)=\begin{cases}0 & (h=0)\\ C_0+C_1(\dfrac{3}{2}\dfrac{h}{a}-\dfrac{1}{2}\dfrac{h^3}{a^3}) & (0<h\leqslant a)\\ C_0+C_1 & (h>a)\end{cases} \tag{6-2}$$

模型中 C_0、C_1、$C=C_0+C_1$、a 分别是描述区域变量空间变异的四个参数。其中 C_0 是块金方差，它表示由小于测量取样尺度或由区域测量误差所引起的随机性变异；C_1 是结构方差，它表示由空间结构性引起的变异；$C_0+C_1=C$ 称为基台，表示由随机性和空间结构性共同引起的空间总变异；a 是变程，表示区域化变量在空间结构上自相关的空间尺度范围，若 $h>a$，则说明变量在两点间不存在空间相关性。块金值与基台值的比例即 C_0/C，表明系统变量空间相关性的程度，比值越大，则表明系统的空间相关性越强。本研究采用 SAS9.0 软件对数据进行正态性检验，用 ArcGIS 10.0 软件中的地统计学模块进行了空间变异分析和 Kring 插值估计。

6.2.3 结果分析

6.2.3.1 土壤含水量分布的正态性检验

沙棘柔性坝沟道与对比沟沟道采样区域土壤水分的频数分布（图 6-12）表明，沙棘柔性坝沟道与对比沟沟道采样区域土壤水分基本符合正态分布；沙棘柔性坝沟道土壤含水量主要分布在 3%～7%，而对比沟道的土壤含水量主要处于 2%～4%，相差较大（图 6-12）。从数据的描述性统计值（表 6-8）可以看出，沙棘柔性坝沟道平均土壤含水量约为对比沟平均值的近 2 倍，且均值的标准误与标准差以及变异系数都比对比沟大些；偏态系数和峰态系数表明沙棘柔性坝沟道土壤水分分布接近于正态分布，而对比沟土壤水分呈右偏并属于低阔峰正态分布。

表 6-8 土壤含水量的统计特征值

采样区域	均值/%	标准误	标准差	变异系数/%	最小值/%	最大值/%	中值/%	斜度	峰度
0#坝	4.794	0.204	1.446	30.16	2.201	9.729	4.561	0.90	3.29
对比沟	2.878	0.105	0.741	25.75	1.798	5.281	2.665	1.29	1.65

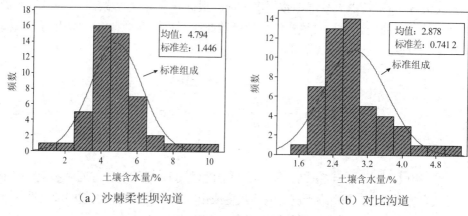

（a）沙棘柔性坝沟道　　　　　　　（b）对比沟道

图 6-12　土壤含水量频数分布

6.2.3.2　趋势效应分析

为了准确合理地计算变异函数和 Kring 插值，一般应进行区域化变量的趋势效应分析。在图 6-13 中，左后投影面上的浅线表示东—西向（x 轴）土壤含水量的全局性趋势变化，右后投影面上深色表示的是土壤水分南—北向（y 轴）全局性趋势变化情况。沙棘柔性坝沟道土壤含水量总体上从北到南呈明显线性减小的 1 阶趋势，而从东至西呈现微弱的 1 阶趋势效应，接近于 0 阶趋势；对比沟道土壤含水量在东西方向和南北方向则分别呈现出较强的 2 阶趋势和弱 1 阶趋势效应（图 6-13）。

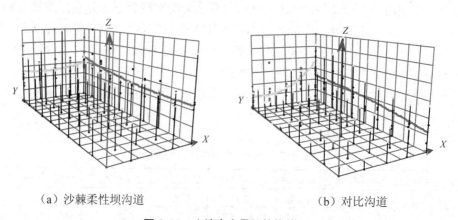

（a）沙棘柔性坝沟道　　　　　　　（b）对比沟道

图 6-13　土壤含水量的趋势效应

6.2.3.3　土壤水分空间变异分析

　　土壤具有高度空间异质性，Webstern 与 Brocca 都指出，不论在大尺度上还是在小尺度上观察，土壤水分的空间异质性客观上均存在[126-128]。图 6-14 与图 6-15 是不同样点区域土壤含水量的实际变异函数散点及拟合的理论变异函数曲线图，表 6-9 是不同样点区域土壤含水量各向异性（4 个方向）条件下的变异参数，理论模型采用球状模型。

　　两样本区域土壤含水量在小尺度下具有明显的空间结构特征，其空间变异性用球状理论模型均能拟合得较好；实验变异函数值的大小在各方向上存在较大差异，0°方向与 135°方向上的值变化较大，45°方向与 90°方向上的值相对较小些，因而同一样地区域即使在小尺度范围内，其土壤含水量在不同方向上具有不同的各向异性结构特征（图 6-14、图 6-15）。沙棘柔性坝沟道采样区域在不同方向上的块金方差与基台值均比对比沟道采样区域相应方向上的块金方差与基台值要大

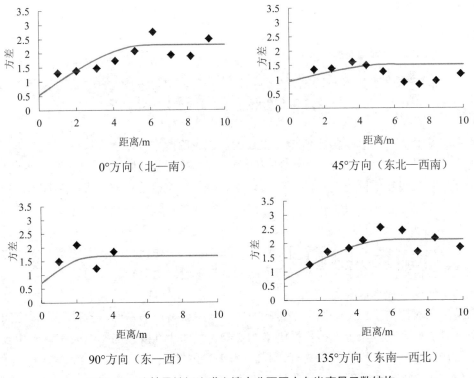

0°方向（北—南）　　　　　　　　　　45°方向（东北—西南）

90°方向（东—西）　　　　　　　　　135°方向（东南—西北）

图 6-14　沙棘柔性坝沟道土壤水分不同方向半变异函数结构

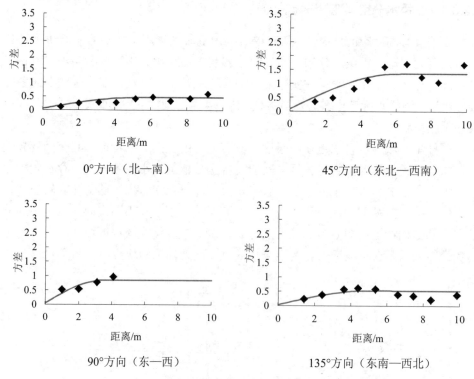

0°方向（北—南）　　　　　　　　45°方向（东北—西南）

90°方向（东—西）　　　　　　135°方向（东南—西北）

图 6-15　对比沟土壤水分不同方向半变异函数结构图

得多，块金方差与基台的比值差异也较大，这表明两采样区域土壤含水量在不同方向上由随机性与结构性所引起的空间异质性有很大的不同（表 6-9）。另外，两样本区域各自在不同方向上的基台值均不相同，变程也不相同，表明两样本区域土壤含水量在整体上具有带状异向性的几何特征。从块金与基台的比值可看出，沙棘柔性坝沟道采样区域土壤含水量在各方向上基本属于中等程度空间自相关性，且结构性变异在土壤水分总空间变异中平均占 60%，随机性变异占 40%。而对比沟道采样区域土壤含水量在各方向上的块金与基台的比值较小，均低于 15%，表明随机性变异较小，不足 15%，而结构性变异达到了 85%，这表明在光秃的无任何植物的对比沟床上，土壤含水量的空间变异主要表现为空间结构性变异，空间总变异主要是受区域土壤结构性因素的影响，受随机性因素的影响较小，土壤含水量在各自方向变程范围内具有较强的空间自相关性，这与沙棘柔性坝沟道采样区域土壤含水量的空间变异性有显著不同。

沙棘柔性坝沟道采样区域土壤含水量在 0°、45°、135°方向上的变程大致相等，只有 90°方向上（沿沟道宽度）的变程较小；在对比沟道采样区域上的变程也有类似的分布特征，而且沙棘柔性坝沟道采样区域在 0°、45°、135°方向上的平均变程比对比沟道采样区域在三个同方向上的平均变程要略大些（表 6-9）；再结合 C_0 与 C 的比值，可看出，沙棘柔性坝沟道的土壤含水量空间相关性属中等程度，较大的随机性变异不容忽视，但对比沟道土壤含水量的空间异质性主要以结构性变异为主，随机性变异非常弱。分数维 D 是一个无量纲数，$D=（4-m）/2$，m 是变异函数和样点滞后距双对数线性回归的斜率。D 越小，区域化变量空间格局变异的空间依赖性就越强，随机性因素引起的异质性所占的比重也越大。对比沟道土壤含水量在各方向上分数维的平均值要比沙棘柔性坝沟道土壤含水量的分数维平均值要小些，这表明对比沟道土壤含水量比沙棘植物柔性坝沟道土壤含水量的空间依赖性要强得多。

表 6-9　各向异性条件下变异函数的理论模型及参数

位置	方向	理论模型	C_0	$C=C_0+C_1$	$（C_0/C）$ /%	a/m	分维数 D	R^2
沙棘柔性坝沟道	0°	球状	0.540	2.2 919	0.235	5.85	1.775	0.241
	45°	球状	0.947	1.5 350	0.617	5.97	1.877	0.233
	90°	球状	0.720	1.8 825	0.383	2.95	1.989	0.262
	135°	球状	0.737	2.1 430	0.344	6.09	1.863	0.285
对比沟道	0°	球状	0.062	0.4 599	0.135	5.14	1.669	0.440
	45°	球状	0.093	1.3 608	0.068	6.04	1.397	0.432
	90°	球状	0.050	0.8 472	0.059	3.40	1.431	0.334
	135°	球状	0.035	0.5 289	0.066	4.89	1.983	0.496

注：0°指沟道长度方向（北—南），90°指沟道宽度方向（东—西），45°/135°指东北—西南方向。

6.2.3.4　土壤水分空间分布格局分析

空间局部抽样只能获得有限的样点数据，对于邻近未抽取样点变量的值要进行 Kring 插值估计并制图，才有助于更深刻和全面地了解区域化变量的空间分布格局[129]。图 6-16 是沙棘柔性坝沟道与对比沟道样地区域的土壤含水量空间分布格局图。

图 6-16 表明，沙棘柔性坝沟道土壤水分整体上要比对比沟道要大得多，且在空间分布格局上有较大差异。沙棘柔性坝沟道采样区域在 0°方向（顺水流方向）由北向南土壤含水量逐渐减小，该方向上变化梯度较大，结构性变异较强，表现为在最北部的土壤含水量斑块较多且颜色较深，而在西南方向的斑块较浅。在东西方向（沿沟床宽度方向），由东向西土壤含水量梯度变化较小，先是略微增

大而后逐渐减小，变异较弱；在 45°方向上（东北—西南）土壤含水量逐渐减小；在 90°与 135°方向上土壤水分变化梯度较相似，只不过 135°方向上平均土壤含水量较大些[图 6-16（a）]。对比沟采样区域土壤水分空间分布格局图[图 6-16（b）]表明，土壤含水量是东部沟床岸高，西部低，中间略高些，斑块分布是从中间向北、南、西逐渐变浅，说明土壤含水量在这三个方向上逐渐变小，向东部逐渐增大；在 0°方向上土壤含水量变化梯度是先增大后减小，在 90°方向上从西向东逐渐增大；在 45°与 135°方向上的土壤水分逐级变化大致类似，造成对比沟这种分布格局主要是微地形的影响，据现场调查，该样块区域是沟床西岸比东岸高些，再加上东床岸有二级坡地，靠近坡脚处的土壤含水量由于在干旱时期有坡面的补给可能要大些。总的来看，对比沟的土壤水分分级等值线要比沙棘柔性坝沟道的要规则些，而且分布有规律且均匀些，这主要是由于对比沟土壤含水量分布主要受结构性因素的影响，随机性因素影响较小，这与前述在不同方向上的变异结构分析是一致的。

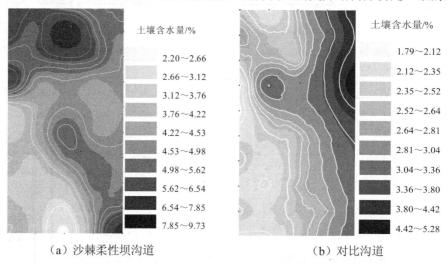

（a）沙棘柔性坝沟道　　　　　　　　　　（b）对比沟道

图 6-16　不同采样区域土壤水分空间分布及等值线

6.2.3.5　讨论

土壤含水量空间异质性与空间自相关性受随机性与结构性因素的影响，结构性因素，如母质、地形、颗粒级配组成、坡向、土壤质地类型、沟槽柔性坝的布置方式、地表植被的构成及分布等可以影响土壤水分的空间相关性，而随机性因素如气候、降雨空间分布、放牧及其他人类活动等使得土壤水分空间相关性会逐渐减弱，从而可能导致随机性变异的增强，当然这也有待于今后积累更多的试验数据加以详细全面地论证。沙棘根系及其地表植物群落的恢复对沟道土壤理化性质有影响，如可能会增加土壤有机质与养分、增大土壤孔隙率、拦沙淤积作用导致的土壤表层颗粒级配的变化、树冠对场次降雨的拦截再分配等以及沟床微地形的影响，都可能会使沙棘作用下沟道土壤含水量与对比沟土壤含水量的空间分布格局有较大差异，这也许是由多种生态水文过程所决定的。已有学者研究指出，虽然降雨是空间变异的主要因子，一定强度的降雨可以削弱处于干旱时期沟床近地表层土壤水分的空间变异性，可能使其空间变异存在于较大尺度上，但是随着长时间的地表蒸发及植物蒸腾，沟床土壤水分若得不到有效补充，土壤处于长期干旱状态，则沟床近地表层土壤含水量的空间变异性依然会得到加强，而且在小尺度范围上可能表现得更为突出，这在一定程度上会影响到沟床表层短根系及一年生草本植物的生长与分布。受小流域沟道沟床面积及其他条件的限制，本节只是探讨了在持续干旱条件下，小尺度范围内土壤含水量的空间变异性，至于在降雨或持续干旱条件下砒砂岩区沙棘柔性坝沟道土壤水分在中尺度及大尺度下的空间变异及其异质性都是非常复杂的问题，今后需要进一步研究。

6.3　沙棘柔性坝营造沟道湿地的潜力分析

我国湿地（包括稻田等人工湿地）面积约 60 万 km^2。近 20 年来，陆健健[130]在对大量湿地研究和对十多个国家湿地进行考察的基础上，提出了一个近似于拉姆萨尔国际湿地保护公约的定义，并以此提出我国湿地的分类系统。该定义包括了我国现阶段所有湿地概念的内涵。

在黄土高原基岩产沙区沟道治理中，由于坝系工程蓄水抬高了地下水位，出现了一些湿地迹象。笔者经过调查研究认为，由于黄土高原基岩产沙区沟深、坡陡，沟道平坦且宽阔，尽管存在着不利于天然湿地形成的条件，但随着沟道拦沙蓄水工程的不断完善，建设和推广植物柔性坝、土石刚性坝以及沟道人造滩地等水土保持拦沙蓄水措施，将会形成大面积的沟道人工湿地。这对调节区域河川径流、削减洪峰、防止水旱灾害、调控温湿度变化、改善环境、维持自然生态平衡、发展基本农田和促进区域国民经济的发展将发挥重要的作用。

6.3.1　湿地研究概况

湿地研究作为一种特殊生境的研究，始于 20 世纪 70 年代初拉姆萨尔国际湿地保护公约缔约之时。20 世纪 90 年代初，在全球环境与发展国际会议的影响下，湿地研究从以自然保护为主的领域发展到水文学、土壤学、气象学、植被学、动物学、生态学等许多学科共同参与的领域，已形成一个多学科相互交叉、相互渗透的学科。

6.3.1.1 湿地定义及其界定

陆健健[130]给出的湿地定义为：陆缘含 60%以上湿生植物的植被区，水缘为海平面以下 6 m 的水陆缓冲区。包括内陆与外流江河流域中自然的或人工的、咸水的或淡水的所有富水区域（枯水期水深 2 m 以上的区域除外）；不论区域内的水是流动的还是静止的，间歇的还是永久的。

湿地包括植被、土壤和淹水程度 3 个要素，并且必须具备如下 3 个条件之一：①至少周期性地长出处于优势地位的水生或湿生植物；②基质以不渗水的有机质土层为主；③基底为非土质，但被水淹没，至少每年植物生长季节保持高水位。湿地包括的主要形态有：长有水生或湿生植物，且有或多或少的泥炭土层，如各种类型的沼泽；长有水生或湿生植物，且具有机质土层的区域，如尚未形成泥炭层的期间带芦苇区、湖泊挺水植物区等；无水生或湿生植物，但具有一定的有机质土层，如由于剧烈的波浪运动、高度浑浊或高度盐分等造成阻碍水生或湿生植物生长的区域；无土壤，但有水生植物，如被海草部分覆盖的岩石海岸等；无土壤无高等植物生长区，如长有硅藻的沙石海滩及无植被的砾石河滩等。

6.3.1.2 湿地分类系统及我国的湿地分区

湿地分类系统一般有河口滨海湿地、湖泊入海口湿地、沼泽湿地和人工湿地。我国的湿地可分为 7 个区，其中涉及砒砂岩区范围的属北部高原草丛湿地和盐沼区。该区西部以贺兰山向北延伸至狼山西端一线为界，东部与东北山地和华北平原接壤，北自呼伦贝尔西部国境线，南达渭河谷地，包括内蒙古高原和黄土高原。砒砂岩区位于中纬度海拔 1 000 m 以上的高原，属于温带亚干旱大陆季风性气候。受蒙古高压控制，冬季干旱、寒冷，夏季受湿热海洋气候影响，年降水量从东南向西北递减。东南部年降水量可达 400 mm。西北部只有 200 mm，气候较干旱，不利于湿地形成，湿地类型单一，以芦苇湿地为主。其中呼伦贝尔—黄土高原芦苇湿地和盐沼区，包括呼伦贝尔高原、锡林郭勒高原、鄂尔多斯高原和黄土高原以及贺兰山以东地区。这里海洋季风影响微弱，大陆性季风强，冬季严寒，春季多风沙，降水集中于夏季，但蒸发强，地下水位低，不利于湿地形成，湿地仅分布于河流两岸河滩和湖泊周围以及沙丘间洼地，湿地类型多以芦苇湿地为主。

6.3.2 砒砂岩区湿地的界定和类属

根据多年来黄土高原砒砂岩区沟道坝系建设的实践，按照陆健健[130]给出的关于我国湿地的定义、界定条件以及分类系统来衡量，笔者认为砒砂岩区有坝系所形成的沟道人工湿地，符合湿地的定义。有"至少周期性地长出有处于优势地位的水生或湿生植物、长有水生或湿生植物，且有或多或少的泥炭土层，如各类型的沼泽"等特点。例如，内蒙古鄂尔多斯市西召沟东一支沟 2#谷坊湿地段长满芦苇群丛；2#谷坊下游也生长有芦苇群丛，在长流水处有部分泥炭土层；西召沟 1#骨干坝以上右岸覆沙砒砂岩沟道内两条 4～5 级支沟内长满芦苇群丛，主沟道、支沟道内湿地处长满寸草苔群丛。为建设沟坝工程而形成的人工湿地，属蓄水池型或水库型人工湿地系统。故认为砒砂岩区虽无天然湿地，但确实存在形成沟道人工湿地的条件，并且已经有部分人工湿地存在，且这种人工湿地有进一步发展的趋势。

6.3.3 砒砂岩区人工湿地的发展意义

目前，砒砂岩区小流域沟道治理主要措施有淤地坝、骨干坝、小型水库等刚性坝系和人造滩地、植物柔性坝等，这就为大面积发展人工湿地创造了有利条件。人工湿地的发展速度与小流域沟道拦沙蓄水工程的建设速度成正比，砒砂岩区在发展人工湿地方面有很大的潜力。因此，在加速流域沟道治理的同时，要结合工程建设，有计划地发展和保护人工湿地，保护人类赖以生存的生态环境。

在砒砂岩区发展沟道人工湿地具有重要作用：一是可以改善区域气候，增加空气湿度，减少干旱灾害，湿地面积越大其作用就越明显；二是沟道人工湿地的单位面积产值相当于坡耕地的 4～5 倍，发展沟道人工湿地是促进该区农业生产发展的重要途径之一，同时有利于加快退耕还林还草步伐；三是随着人工湿地面积的不断扩大，还会有湿地动物、微生物及植物群落出现，这对净化环境将产生积极影响；四是在某些人工湿地发生盐碱化的地方，可采取有关技术进行防治，但不会影响湿地的作用。

6.3.4 论砒砂岩地区营造人工沟道湿地的潜力

砒砂岩区域内的河流属于季节性河流，每年只有汛期才能产生暴雨径流，其汛期径流量占年径流量的 75%。经过长期发展，沟道已侵蚀到基岩，暴雨径流呈股流形式，泥沙输移比约为 1。侵蚀沟的治理得益于淤地坝工程建设和支毛沟头沙棘植物柔性坝试验以及沙棘封沟、退耕还林还草等生态修复措施的实施，开始出现了沟道人工湿地的迹象，这是水土保持措施实施的必然结果。

沟道人工湿地形成是因为通过小流域侵蚀沟自上而下全方位的综合治理，工程措施、植物措施与耕作措施的有机配置，加之在支毛沟头种植的沙棘植物柔性坝系，通过其干、枝、叶等，首先把暴雨股流分散为漫流，使流速减小，泥沙落淤在床面上形成淤积体，而淤积体又增大了暴雨径流的入渗量和蓄水量，创造了有利于把地表水转化为沟道土壤水、地下水的条件，有助于沟道土壤水库的形成。未入渗的剩余径流会通过柔性坝流向下游的淤地坝，再次被拦截。随着淤地坝淤积面积的扩大，除中间主槽外，两侧经人工改造后会逐渐发展为基本农田。不论是柔性坝还是刚性坝，抑制沟道土壤侵蚀和控制水土流失的同时，所形成的淤积体不仅可形成优良坝地，还有利于沟道植物群落的恢复。当处于水文周期的丰水期时，有充足的水源补给，就会形成自下而上明显的沟道人工湿地；当流域内形成一个完整的刚柔相济的坝系时，沟道的湿地效应会更加显著增强。

砒砂岩区沟道中的沙棘柔性坝系统，再配以各种刚柔结合的生态工程措施，可将部分暴雨径流转化为土壤水、地下水，这是提高土壤水与地下水资源的一条基本途径，再辅以管理措施，持之以恒，必能取得显著效果。在此，根据鄂尔多斯市境内重点治理支流沟道特征进行简单分析，表 6-10 给出了砒砂岩区鄂尔多斯市境内重点治理支流的基本特征值。

表6-10　鄂尔多斯市重点治理沟道特征值

支沟	支流长度/km	河源高程/m	河口高程/m	平均比降/‰	沟壑密度/（km/km²）	支沟条数/条	支沟长度/km	支沟长度/支流长度
黄甫川	137	1 451	965	3.5	3.8	1 876	3 874.25	28.3
窟野河	242	1 450	692	2.55	5.2	1 648	4 124.5	17.0
孤山川	79	1 380	811.3	5.48	4.7	1 026	1 717.75	21.7
清水川	33.1	1 200	1 076.6	3.73	5.4	515	1 178	35.6
毛不拉孔兑	1 110.9	1 597.6	1 040.4	4.46	9.6	1 138	4 056.25	3.65
布林斯泰	73.8	1 580	1 140	6.4	0.6	507	762.5	10.3
黑赖沟	89.2	1 566	1 256	4.8	1	844	1 070.75	12.0
西柳沟	106.5	1 553	1 350	3.58	1	1 102	1 823	17.1
罕台川	90.4	1 520.5	964.5	5.09	0.9	869	1 398.5	15.5
哈什拉川	92.4	1 451	1 209	3.59	1.1	1 000	1 568.7	17.0
东柳沟	75.4	1 380	1 179	2.67	0.6	246	974.5	12.9
呼斯太沟	65.1	1 450	900	3.61	3.5	71	380.5	5.8
合计	2 194.8					10 842	22 929.2	10.5

从表 6-10 中可见，12 条重点治理支流总长度为 2 194.8 km，大于 0.5 km 长的支沟共有 10 842 条，支沟总长度为 22 929.2 km，是 12 条支流总长度的 10.5 倍。根据已有研究，土壤侵蚀主要发生在这些支沟的沟谷坡面，为沟道提供了丰富的松散土壤，其泥沙主要通过暴雨径流向下游沟道输运，因而可以采用沙棘柔性坝

拦截粗沙，形成沟床底面蓄水层，使泥沙输移比小于 1。沙棘柔性坝最终可以形成人工沙棘灌林，涵养水源，将暴雨股流分散为漫流，形成给下游沟道淤地坝补水和输送养分的源泉，也是形成沟道人工湿地的水源，而且沟道粗沙淤积层在沙棘树冠的遮挡下可减少蒸发，形成沟道防风林，若全部支沟得到治理，则可以调节局部区域小气候，以此则可以不同程度地缓解气候变暖带来的干旱灾害，在丰水期间，则更易形成自下而上明显的湿地系统。

要形成沟道人工湿地系统，砒砂岩区必须坚持退耕还林还草政策，加强生态恢复的步伐。在丰水期，要加大投资，加快砒砂岩区支毛沟生态工程建设。在沟道系统内，大量应用沙棘植物柔性坝的同时，也要尽量配置一定数量的刚性淤地坝，形成一个刚柔结合的拦沙持水系统，这样则可以将泥沙就近拦截在沟道里，改善沟底微地貌形态，创造有利于湿地恢复的良好条件。一旦砒砂岩区人工沟道湿地大面积形成，相当于形成了砒砂岩区生态系统恢复之"肾"，生物多样性将会增加，并将有力地促进该区生态系统的恢复。

6.4 本章小结

沙棘植物对砒砂岩地区沟道土壤的有机质和土壤水分及其空间变异有重要影响，可有效地增加沟道的土壤有机质，提高土壤肥力、改良土壤和调节土壤水分，这有利于地表植物群落的恢复与生长，最终达到植物群拦沙保水、治理沟道水土流失的目的。另外，根据黄土高原地区许多沟道逐渐形成人工湿地的迹象以及沟道内生态环境发生了明显变化，分析了砒砂岩区沟道人工湿地的形成条件及发展潜力。主要结论有：①小型人工沙棘林的土壤剖面有机质平均值比对比沟大得多；②沙棘植物影响了有机质沿土壤剖面的分布格局；③各沙棘林的平均土壤含水量都要大于对比沟，尤其是显著地增大了沟道近地表 0~60 cm 深度内的土壤水分，有利于沟床植物群落的生长；④沙棘柔性坝沟道与对比沟道土壤含水量具有明显的空间变异特征，沙棘柔性坝沟道与对比沟道土壤含水量在不同变程范围内具有不同程度的空间自相关性；⑤虽然降雨是土壤含水量空间自相关与分布格局影响的主要因素，但干旱条件也不容忽视，在长时间地表蒸发及植物蒸腾作用下，沟床表层土壤含水量空间变异性会进一步加强，且在一定程度上会影响沟床表层短根系及一年生草本植物的生长与分布；⑥沙棘柔性坝具有形成沟道人工湿地的基本条件并具有相当大的潜力。

7 沙棘柔性坝系统工程技术体系研究

——以内蒙古准格尔旗西召沟流域东一支沟沙棘柔性坝系统工程为例

　　黄河水利委员会黄河上中游管理局在水保专家毕慈芬的建议下，在内蒙古准格尔旗西召沟东一支沟建立了沙棘柔性坝试验基地，经过多年的试验研究，证明了沙棘植物"柔性坝"具有显著的拦沙与生态效益。同时在试验研究的过程中，也认识到沙棘柔性坝必须与淤地坝、治沟骨干工程和微型水库相配置，才能全面协调砒砂岩区域的沟、坡、水、土、沙资源，最终达到可持续发展的目的。沙棘不仅可作为沙棘"柔性坝"的框架材料，全方位协调水、土、沙资源，而且还具有显著的经济和社会效益。当前，沙棘的协调功能尚未被充分认识，这需要通过后期大量的野外实践来证明。为此，在前期研究的基础上，在水利部沙棘开发管理中心的支持下，于2001年继续开展试验研究，对沙棘植物"柔性坝"这一生态工程进行深入系统的研究，并选择砒砂岩区有代表性的小流域进行推广试验，扩大了原试验基地的范围，对沙棘植物"柔性坝"系统在砒砂岩区支、毛沟头的拦沙作用进行进一步的监测，并验证沙棘柔性坝在该区恢复生态的主体功能以及全方位协调水、土、沙方面的功能给予检验。后续的一系列试验证明：在砒砂岩区选择沙棘作为该区水土流失的先锋树种是正确的，沙棘柔性坝宜种植在砒砂岩区沟道的支、毛沟头，才能发挥最大的拦沙效应。沙棘柔性坝这一生态工程的提出，为加快砒砂岩区的生态修复探索出了一条有效途径。本章以内蒙古准格尔旗西召沟流域东一支沟沙棘柔性坝系统工程为例，全面介绍沙棘柔性坝系统工程技术体系。

7.1 试验区及沙棘植物"柔性坝"坝系简介

　　试验推广示范区是在东一支沟的基础上拓展到了整个西召沟，东一支沟是西召沟的一级支沟，是黄河的4级支沟。选择黄河3级支沟西召沟作为试验推广示范区，原因是：①西召沟支、毛沟壑具有各种类型砒砂岩典型沟壑的代表性，沟壑谷坡非径流产沙量大，各色砒砂岩俱全，而且有裸露、覆沙和覆土的支、毛沟；

②黄河上中游管理局已在 20 km² 小流域的主沟道内投资修建了 3 座治沟骨干工程的配套设施，并于 1996 年在该流域 1.67 km² 的东一支沟栽植了沙棘植物"柔性坝"坝系，为后续试验研究奠定了基础；③只要在西召沟沟头全部布设了植物"柔性坝"坝系，就基本建成了砒砂岩地区第一个植物柔性工程学原型观测试验研究基地，主要原因是西召沟东一支沟小流域不仅是首次进行砒砂岩地区沙棘植物"柔性坝"试验研究，而且是第一个按照砒砂岩地区土壤侵蚀特征与水土流失特点进行规划、设计的小流域水土保持综合系统工程。本章只以东一支沟为例进行介绍，西召沟的其他支沟的沙棘柔性坝系统工程与东一支沟基本类似，大同小异，在此不再一一介绍。

7.1.1　试验区——西召沟东一支沟的基本情况

东一支沟位于西召沟的左岸，流域面积约 1.67 km²，沟长 1 682 m，见图 7-1，

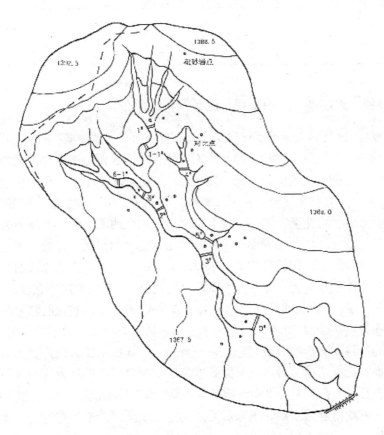

图 7-1　西召沟东一支沟地形

沟道基本特征见表 7-1。1991 年在距沟头 839 m 处建造 1# 谷坊,高 9 m,右岸有 1 m 宽的溢洪道,上游有支、毛沟 36 条,总长 2 485 m,占东一支沟总长的 86%,截至 1997 年汛前,谷坊内淤积厚度达 6.9 m,平均每年淤厚 1.15 m。1992 年在 1# 谷坊下游 579 m 处建造 2# 谷坊。该处多年平均降雨量 389 mm,7~8 月降雨量占年均降雨量的 70%。1996 年 7 月 14 日西召沟 3 h 降雨量为 54 mm,占多年平均降雨量的 14%,暴雨强度为 0.3 mm/min。

表 7-1　西召沟东一支沟沙棘植物"柔性坝"坝系段沟道基本特征

沟段 项目	沟掌—1#谷坊									总计
	主沟			左支			右支			
	平均	最大	最小	平均	最大	最小	平均	最大	最小	
沟道面积/km^2										0.23
沟道长度/m	839			251			249			1 384
沟底比降/%	4.4			6.8			5.8			
沟道宽度/m	4.68	17.2	1.5	2.66	4.4	1.1	1.24	1.6	0.5	4.0
沟谷坡度/(°)	36.4	87.1	11	39.7	49.9	17.1	49.3	56.2	38.9	41.8

7.1.2　沙棘"柔性坝"坝系工程及测量淤积断面布设

至 1997 年,全部完成了西召沟东一支沟自上而下"柔性坝"坝系布设,共布设 9 座"柔性坝",其中主沟 5 座,左右支沟各 2 座。同时参照全国大中型水库测淤断面布设原则,布设测淤断面(图 7-2)。坝系布设自上而下:主沟道 1#、1+1#、2#、3#、0#;左岸支沟 4#、5#;右岸支沟 6+1#、6#。详细布设见图 7-2~图 7-12。其中每个"柔性坝"坝体布设上、中、下三个测淤断面(上测淤断面位于坝体植株第一行处,中测淤断面位于沙棘植物柔性坝的中间一行处,下测淤断面位于最后一行处),分别编号为 C$_1$(或 C$_上$)、C$_中$、C$_下$。为了寻找淤积末端位置以及观察水库淤积有无北方多沙河流的"翘尾巴"现象,在坝上游段每隔 15 m 再布设若干个测淤断面,编号为 C$_2$、C$_3$、C$_4$、…。各坝上游布设的测淤断面数目不等,共布设测淤断面 50 个,见图 7-2 所示,植物柔性坝单坝示意见图 7-3。3# 坝后 8 行为沙棘和乌柳混合段,其余各行全部用 2~4 年生沙棘作为坝体的栽植植株,均按梅花形交错排列种植。平面外形除 1#、5# "柔性坝"为流舌状外,其余各坝均为直行,西召沟东一支沟沙棘植物"柔性坝"种植及生长情况见表 7-2。每年在汛前、首次洪峰结束后、汛末后期共进行 3 次淤积测量。在测淤的同时,取淤积物沙样进行颗粒级配分析。

表 7-2　东一支沟各沙棘"柔性坝"栽植及生长情况

项目 坝号	种植行数	行距/m	坝长/m	种植平面形式	洪水前沙棘生长情况/%	7.27洪水后坝段冲淤情况	7.27洪水后沙棘冲淤情况	备注
0#	15	2.5	35	直行	97	部分冲	再生新枝	冲在左边
3#	13	2.0	24	直行	90	部分冲	再生新枝	
2#	15	2.7	37.8	直行	90	部分冲	再生新枝	
1+1#	8	2.0	140	直行	98	淤	良	
1#	22	2.3	48.3	U 形	90	淤	良	
4#	12	2.0	22	直行	95	淤	良	
5#	18	2.5	42.5	U 形	95	部分冲	再生新枝	
6+1#	14	3.0	39	直行	90	淤	良	
6#		2.0	15	直行	95	淤	淤	

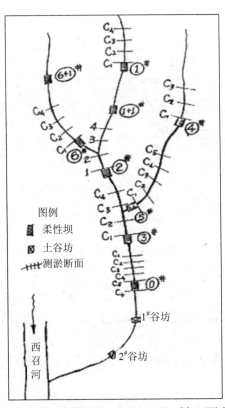

图 7-2　东一支沟沙棘植物"柔性坝"坝系与测淤断面布置

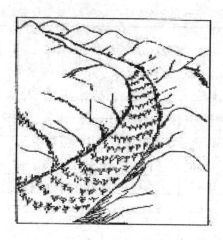

图 7-3　植物柔性坝单坝示意

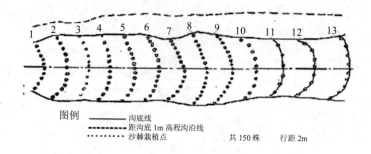

图例　——— 沟底线
　　　-■-■-■- 距沟底 1m 高程沟沿线
　　　……… 沙棘栽植点　　　共 150 株　　行距 2m

图 7-4　沙棘植物"柔性坝"1#坝俯视

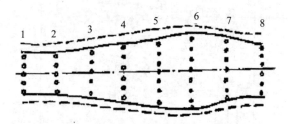

图 7-5　沙棘植物"柔性坝"1+1#坝俯视

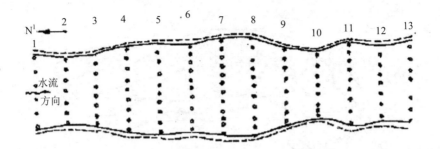

图 7-6 沙棘植物"柔性坝"2#坝俯视图

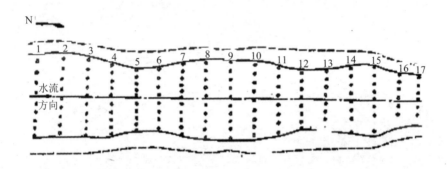

图 7-7 沙棘植物"柔性坝"3#坝俯视图

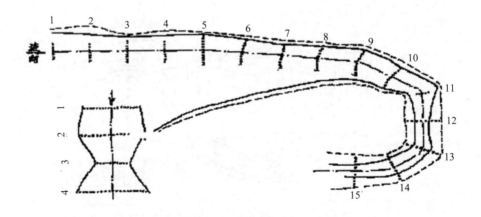

图 7-8 沙棘植物"柔性坝"0#坝俯视图

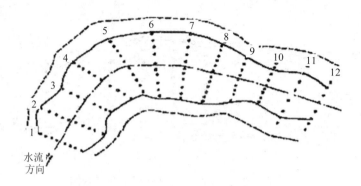

图 7-9　沙棘植物"柔性坝"4#坝俯视图

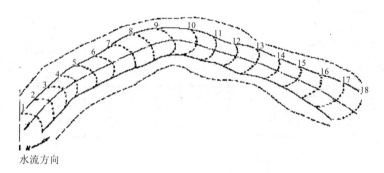

图 7-10　沙棘植物"柔性坝"5#坝俯视图

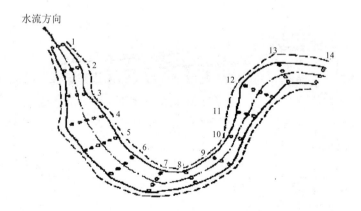

图 7-11　沙棘植物"柔性坝"6+1#坝俯视图

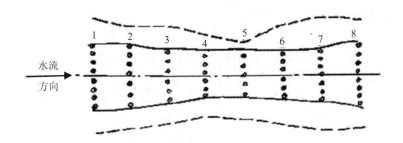

图 7-12　沙棘植物"柔性坝"6#坝俯视图

7.2　沙棘"柔性坝"坝系组成及各部分的内涵和作用

"柔性坝"坝系系统是一个涵盖支、毛沟沟头纵横，沟谷坡顶坡面，沟谷坡面和沟床全面防治的系统工程，主要包括：

（1）沟底沙棘"柔性坝"坝系。这是"柔性坝"坝系的主体，它是垂直于水流方向按沟道比降计算设计的组成"柔性坝"坝系的沟底拦沙防冲生态工程。具有灵活多样性，可设在沟道任何部位，一般情况下直行种植就能达到良好的阻水、分流、拦沙效果。

（2）"柔性坝"上游沿两岸沟谷坡脚导流屏构建。可以防止水流淘刷两岸沟谷坡脚，同时也是自繁"柔性坝"的基础。从"柔性坝"最上游一行沙棘起，向上游种植相当于"柔性坝"坝体长度的沙棘，起到坝上游导流作用，也为沙棘串根萌蘖自繁生长打好基础。

（3）"柔性坝"坝体两岸谷坡面沙棘防护网。按"柔性坝"坝长方向向坡面延伸，作为"柔性坝"沟谷坡的一部分坝体，使沙棘"柔性坝"形成梯形断面。坝系中，上坝与下坝之间谷坡可自然形成草被，即形成灌带和草带相间的谷坡防护网，其作用是防冲、固土、防蒸发和保水。

（4）沟头或沟道中跌水处级形成沙棘"柔性圈"。当沟壑比降超过 25%时，在沟道中有跌水处沟段的下方种植若干圈沙棘，以形成沙棘"柔性圈"，圈的大小沿整个沟宽布设，主要对跌水起柔性消能作用。

（5）在整个沟缘线形成沙棘分流防护带。在沟缘线后退 5～10 mm 宽处开始种植沙棘直至沟缘线，这样做是为了将沟道主流分散成若干细股流，使之不能形成坡面大股流。沙棘成活后，在沟缘线处沙棘横根可沿谷坡顶向下游萌蘖蔓延，与谷坡草带防护段相接，形成上下搭接的沙棘根系谷坡防护网，同时顶坡面可形成宽 5~10 m 的沙棘灌草防护带。

（6）"V"形沟头毛沟沿沟底两岸形成沙棘墙。正在发育的沟头毛沟呈"V"形断面，产沙量大，沿沟道两岸谷坡脚种植两行沙棘拦沙墙，待沙棘萌蘖串根后，就可形成类似挡沙墙一样的沙棘墙，可发挥消能护坡作用。

（7）通过平茬，可加速沙棘"柔性坝"的自繁。自繁"柔性坝"有两种：一种是"柔性坝"导流屏，这是由于沙棘根系发育与时俱增，在淤埋的横根上萌蘖生出新苗，逐年长大后可形成自繁的"柔性坝"；另一种是由"柔性坝"上游沙棘籽在壅水段形成的粗沙淤积体上自繁形成的，等到 10 年后开始对原始沙棘"柔性坝"平茬时，这些自繁的幼龄"柔性坝"可以逐渐替代原来的沙棘柔性坝。

（8）主沟上游段沟道里人造滩地的形成。"人造滩地"是指用乌柳或沙棘做围篱，利用乌柳不发横枝的特点，沿流水线有计划地引洪淤地，开发主沟道上游土地，在周围可人工筑建垅埂并栽植一圈沙棘植物篱，这一小部分淤地可作为当地村民基本农田的补充。

（9）主沟上游第一座骨干工程回水末端处沙棘 "柔性坝"坝体的加高。即指体外加高坝体，位于 1# 骨干工程淤积末端，就地取材，可用当地材料如岩石、沙棘、乌柳等形成坝体，目的是保证骨干坝延长拦沙寿命，并及时开发利用坝地。

7.3　沙棘植物"柔性坝"规划设计与施工（栽植）技术

7.3.1　筑坝材料选择

赵金荣等[131]对黄土高原灌木调查后认为：黄土高原有木本灌木植物 68 科，177 属，646 种（其中裸子植物 2 科，3 属，7 种；被子植物 66 科，174 属，639 种）。根据其植物学和生物学特性，从喜水耐旱的角度，并结合砒砂岩地区的实际，自然选择出沙棘和乌柳作为沙棘植物"柔性坝"筑坝的框架材料。从沙棘和乌柳枝叶生长情况看，沙棘枝干距根部近，而且枝叶呈簇状生长，而乌柳呈条状生长，且枝叶距根部远。相比之下，沙棘作为"柔性坝"筑坝材料要优于乌柳。另外，根据沙棘在砒砂岩地区的生长及拦沙实践，进一步证明了沙棘可作为该区水土流失治理的先锋树种。

7.3.2　沙棘植物"柔性坝"设计原则

按照"柔性坝"的定义和筑坝目的，确定沙棘植物"柔性坝"的设计原则应遵循最大限度地加大沟壑粗糙度的原则；要有足够的植物枝干最大限度地分散沟壑暴雨形成的股流，分散平化为漫流，降低水流流速，使水流的行进流速小于对床面的冲刷流速和沟谷壁的淘刷流速，从而降低了水流的切应力，使水流的挟沙能力小于水流挟沙力，从而有利于泥沙的沉降和落淤。这些可作为选择坝址、坝长、植株树龄、平面外形、株距和行距等坝体基本参数的基本依据。

沙棘植物"柔性坝"的坝长，是指沿水流方向的种植长度，该长度主要取决于沟道比降和沿程汇流股流量的大小。因而，沿沟向下游方向的种植长度视汇流面积的大小而定，沟谷汇流面积越大，种植沙棘植物"柔性坝"的坝长越长。

沙棘植物"柔性坝"的坝宽，是指垂直于水流方向的沟壑宽度。该宽度随坝长沟形而变化。

沙棘植物"柔性坝"的坝高，是指露出沟床面以上的植物高度，这样沙棘植物"柔性坝"坝高是与时俱增的变量，依据植物的生命年限决定极限坝高。例如，在干旱半干旱区的沙棘植物，如果枯萎树龄为 10 年，则一般情况下，沙棘植物"柔性坝"的终极高度平均可达 4 m 左右。

沙棘植物"柔性坝"的植株树龄，是指施工布设"柔性坝"时的树龄，该树龄取决于植株的高度。其高度分地下和地上部分，按拦沙设计原则所规范的条件控制，一般要从抗水流冲拔力出发，植株埋深不少于 0.3 m，露出地面以上的坝高不低于一般洪水，在支、毛沟道大约为 0.5 m，要求施种植株总高不低于 0.8 m。植物"柔性坝"的株距和行距，根据沟道的汇流量与比降而定。

7.3.3　沙棘植物"柔性坝"坝系的设计原则

砒砂岩地区由于支、毛沟床比降大，沟道形态千差万别，因此，在一条沟谷中布设单个沙棘植物"柔性坝"难以有效地拦截泥沙。为此，参照沟道治沟骨干工程的多年实践，根据沟道具体条件，采取多座阶梯式沙棘植物"柔性坝"坝系工程控制沟蚀和分滞泥沙，见图 7-13。

图 7-13　植物"柔性坝"坝系工程示意

沙棘植物"柔性坝"坝系设计原则，除满足"柔性坝"坝体设计原则外，必须根据沟道比降确定坝系的布设个数和坝系工程密度，以最终达到对泥沙的有效控制和不发生冲刷为准。

7.3.4 沙棘植物"柔性坝"坝系工程密度确定

沙棘植物"柔性坝"坝系工程的规划密度由沟床比降的大小和地形条件确定。在砒砂岩地区的沟壑中，暴雨产生的高含沙水流，相当于稀性泥石流，参照泥石流经验，两坝之间的间距按下式确定。

$$L = H / J \qquad (7\text{-}1)$$

式中：H——沙棘植物"柔性坝"坝高，即植株露出地面以上的高度，m；

J——沟床比降，%；

L——两坝之间距离，具体指上坝最下游一排沙棘距下坝最上游一排沙棘的距离，m。

这里必须指出，有些沟不宜设置"柔性坝"，例如遇到沟床有跌水或陡坎段，比降大于 25%时，不布设沙棘植物"柔性坝"，而按可能发生跌水或陡坎所形成股流的范围尺寸，在跌水下游沿水流前进方向布设沙棘植物柔性圈（图 7-14）。植物柔性圈采用 3～4 年生的植物苗木，或与 1 年生苗木混交，按株距 0.2 m，圈行距 0.3 m，布设在整段沟床内，入土深不低于 0.5 m，以消散水流的势能，减少对沟床的直接冲刷。

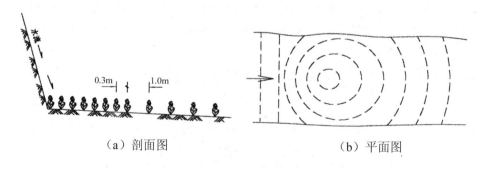

（a）剖面图　　　　　　　　　（b）平面图

图 7-14　跌水下沿柔性坝圈布设示意

沙棘植物"柔性坝"坝址平面位置，除了跌水沟段外，在沟段的其他地方均能布设，最好选在平面形态阻力最大的沟段，如"S"形弯道段、喇叭形出口段、大肚宽沟段、两支沟道股流交汇处"Y"型下段等有利于沉沙的沟段处布设为宜。

沙棘植物"柔性坝"个数是根据 $L=H/J$ 式和不计算跌坎段的原则，沟壑沙棘植物"柔性坝"的数量可按下式进行计算：

$$n=（\sum H-\sum \Delta H）/H \qquad (7-2)$$

式中：n——沙棘植物"柔性坝"坝个数，座；

$\quad\sum H$——沟壑总落差，m；

$\quad\sum \Delta H$——跌水和陡坡段落差，m；

$\quad H$——沙棘植物"柔性坝"坝高，m。

7.3.5 沙棘植物"柔性坝"的施工（栽植）原则

（1）总体要求

在砒砂岩区这样恶劣的自然环境中栽植沙棘植物"柔性坝"，首先是确保成活率，因为该区干旱少雨且长年四季风大、风期长。为此要保证试验推广示范的成功，必须按照一定的施工要求，才能保证成活率。整个施工与管护过程中，要求如下：

①要保证足够的埋深。目的是为了不被第一场洪水连根冲拔。

②要认真管护。目的是在经过第一场洪水考验后及时在秋后或来年春天补苗，保证完整的坝型。沙棘成活一年后，当有石块被水流携带至沙棘"柔性坝"某一沙棘行处，由于局部抬高水位而形成石块背后下游的小跌水，在跌水之下会形成局部冲刷，要及时补栽，始终保证完整的柔性坝坝体。

③必须进行封育，绝对控制山羊入内啃食沙棘干、枝、叶。笔者曾于 2005 年 8 月、2006 年 7 月、2008 年 10 月三次请当地农民工对西召沟沟头东三支沟、西一支沟等十余条支毛沟已有的沙棘柔性坝进行补栽。在走访当地村民的过程中得知，因当地村民夜晚偷着放牧，结果致使山羊闯入沙棘柔性坝试验区，一些羊啃食沙棘干，致使部分沙棘死亡。所以，要绝对控制山羊入内，要求当地政府给予配合，采取有力的监督措施，以防山羊进入试验区。

④要按照周章义教授[132]提出的沙棘农作式栽培管理技术进行管理；大约 10 年时间需要对沙棘进行一次平茬。

⑤要在整个试验示范过程中进行必要的科学数据测量，监测非径流产沙的变化规律，要对每次过洪中"柔性坝"坝系和坝上游出现的壅水淤积进行测量和必要的洪痕调查。还要观测沙棘生长萌蘖动态变化，沟道植物群落的变化等，并观

测粗沙淤积体的径流入渗情况等。

⑥为使研究工作前后具有对比性,必须要有统一的施工标准和数据测量标准,以为试验示范区积累长期资料。

根据前期试验与示范的经验,若按以上要求栽植,栽植成活率可达80%以上。

(2)沙棘"柔性坝"坝系工程的施工(栽植)原则

①行与行之间,植株应按梅花形布设,以增大植物干枝对水流撞击的次数,以便增加撞击分流消能;②植株在施种时,可挖成条槽或点穴,必须保证 0.5 m 埋深。埋好土后,必须在植株干的周围用脚踩实,以防止透气风吹和当年汛期暴雨洪水冲刷;③坝系工程的施工顺序,必须自上而下施种,要求同一时间一次布设;④在经费允许条件下,坡面种植物也能与沟道坝系工程同时布设,以控制流域面上的产沙和减缓暴雨股流形成的时间,即拖延产流时间;⑤若规划有谷坊工程,要求与"柔性坝"同时施工,以达到泥不出沟;⑥若沟谷长度在 1 000～1 500 m,需布设两座谷坊,上谷坊用于细沙淤积,下谷坊用于接收两个谷坊间支沟来沙和上谷坊的溢洪或渗水,以便合理安排和利用沟谷水源,进行调水调沙,使蓄水不出沟。

沙棘植物"柔性坝"种植后,还要不断地加固和维修。为了沙棘植物"柔性坝"有效拦沙,必须按照汇流面积大小,采取加固措施。需要加固的坝段是当地有支流加汇、流量增大的沟段。加固方法有:加长沿水流方向的种植长度;也可采取先行打桩,把比沙棘植物"柔性坝"植株干枝粗的沙棘桩、乌柳桩打在"柔性坝"上游第一行至第三行;同时用塑料编织袋装满沙子,堆在"柔性坝"上游第一行、中间和最后一行。堆放时要错袋堆放,高 0.5 m,起沙坝堰的作用。

(3)施工要点

在表土风干的条件下,所有部位沙棘种植均要铲去表层干土,在湿土面以下按细则挖深种植,种好后填湿土用脚踩实,再在其上回填干土保墒,所有苗木要带主根和须根。

7.3.6 沙棘"柔性坝"系统工程的典型设计与施工(栽植)技术

(1)沙棘"柔性坝"造林典型设计与栽植技术

对于立地类型为顺直、弯曲及大肚形的沟道,宜采取如图 7-15 的造林模式。沙棘植物"柔性坝"栽植技术细则,见表 7-3。

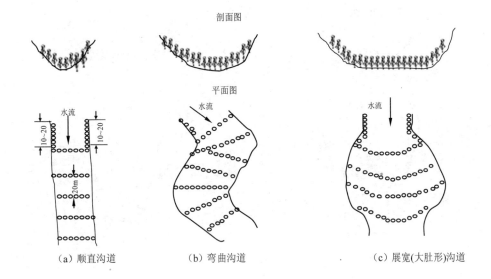

图 7-15 顺直、弯曲及展宽形沟道的造林模式

表 7-3 沙棘植物"柔性坝"种植细则（顺直、弯曲及展宽形沟道）

项目	时间	方式（纯林）	规格与要求
种植参数	春季秋季	穴状	2.0 m（行距）×0.3 m（株距）×0.5 m（深）
		苗植	保证 0.5 m 埋深、踏实，沟道中每隔 150 m 建一处 40 m 左右长的坝体
		苗龄及等级	2 年以上健壮实生苗高度 0.8～1.0 m
		种植方法	品字形种植、纯林
抚育	年内洪水过后	补植	对不成活或冲拔掉的沙棘，应及时补植

（2）沙棘"柔性坝"上游沿两岸沟谷坡脚导流屏造林典型设计与栽植技术

为了防止水流淘刷两岸沟谷坡脚，从"柔性坝"最上游一行沙棘起，向上游种植相当于"柔性坝"坝体长度的沙棘，起坝上游导流作用，也为沙棘串根萌蘖自繁生长打好基础。对于立地类型如"顺直"、"弯曲"及"展宽"形沟道，坝前导流屏可设计成如图 7-15（顺直、弯曲及展宽形）和图 7-16（卡口及"Y"形沟段）的造林模式。沟谷坡脚导流屏种植技术细则，见表 7-4。

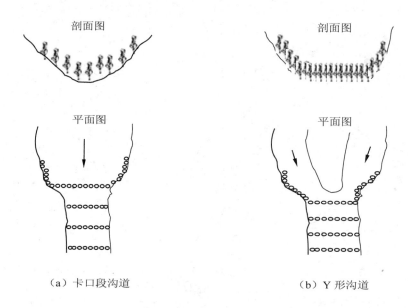

（a）卡口段沟道　　　　　　　　　　（b）Y形沟道

图 7-16　沟谷坡脚导流屏（卡口及 Y 形沟段）的造林模式

表 7-4　种植技术细则表

项目	时间	方式（纯林）	规格与要求
种植	春季 秋季	穴状	1.0 m×1.0 m×0.5 m
			保证 0.5 m 埋深，踏实
		苗龄及等级	健壮实生苗，高度 0.8～1.0 m
抚育	洪水过后秋季	补植	未成活或拔掉的沙棘应及时补植

（3）沙棘"柔性坝"坝体两岸谷坡面沙棘防护带造林典型设计与栽植技术

对于沙棘"柔性坝"坝体两岸谷坡面的沙棘防护林带可参考图 7-17 的模式设计，其种植技术细则参见表 7-5。

表 7-5　谷坡面沙棘防护网种植技术细则

项目	时间	方式	规格与要求
种植	春季 春季	穴状	1 m（株距）×1 m（行距）×0.3 m（深度）
		埋深	保证 0.3 m 埋深，踏实
		苗龄及等级	健壮实生苗，高度至少 0.4 m
		种植方法	纯林品字形种植
抚育	洪水过后秋季	补植	对未成活或拔掉的沙棘以及兔子等吃掉的沙棘，应及时补苗

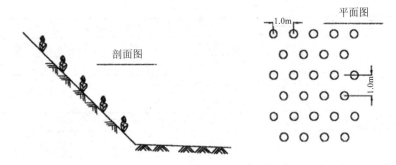

图 7-17 谷坡面沙棘防护林带

（4）沙棘"柔性圈"造林典型设计与栽植技术

对于沟道中立地类型为跌水段、陡坡段的沟段，则宜采取如图 7-14 的模式造林，其种植规格与细则见表 7-6。

表 7-6 沙棘"柔性圈"种植细则

项目	时间	方式	规格与要求
种植	春季 秋季	穴状	0.3 m（株距）×0.3 m（行距）×0.5 m（深度）
		埋深	保证 0.5 m 埋深、踏实
		苗龄及等级	2 年以上健壮实生苗或 1 年生蘖生苗间种
		种植方法	环形纯林
抚育	年内洪水过后	补植	对不成活或冲拔掉的沙棘，应及时补植

（5）整个沟缘线沙棘分流防护带典型设计与栽植技术

对于坡顶沟缘线的沙棘分流防护带设计可参见图 7-18，其种植模式见表 7-7。

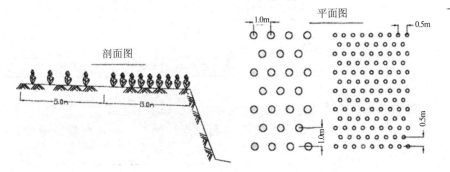

图 7-18 沙棘分流防护带设计模式

表 7-7　沟缘线沙棘分流防护带种植细则

项目	时间	方式	规格与要求
种植	春季 秋季	穴状	1 m×1 m×0.3 m（深度）或 1 m×0.5 m×0.3 m（深度）
		埋深	保证 0.3 m 埋深、踏实
		苗龄及等级	1 年实生苗埋深 0.3 m
		种植方法	品字形种植
抚育	年内洪水过后	补植	对不成活或冲刷掉的沙棘，应及时补植

（6）V 形沟毛沟沟底两岸"拦沙墙"典型设计与栽植技术

对于沟头毛沟沟底两岸"拦沙墙"设计可参见图 7-19，其种植技术规格见表 7-8。

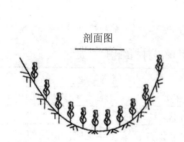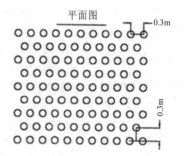

图 7-19　沙棘"拦沙墙"造林模式设计

表 7-8　V 形沟毛沟沟底两岸拦沙墙种植细则

项目	时间	方式	规格与要求
种植	春季 秋季	穴种	0.3 m×0.3 m×0.5 m（深度）
		埋深	保证 0.5 m 埋深、踏实，2～3 行
		苗龄及等级	2 年以上健壮实生大苗
		种植方法	纯林
抚育	年内洪水过后	补植	对不成活或冲拔掉的沙棘，应及时补植

（7）替代平茬"自繁柔性坝"典型设计与栽植技术

对于顺直和弯曲沟道处的替代平茬"自繁柔性坝"，其典型设计可参见图 7-20，其种植技术规格见表 7-9。

图 7-20 自繁柔性坝设计模式

表 7-9 替代平茬"自繁柔性坝"种植细则

项目	时间	方式	规格与要求
种植	春季秋季	穴种	0.3 m×2 m×0.5 m（深度）或可根据具体情况实时调整株行距
		埋深	保证 0.5 m 埋深，踏实，若干行
		苗龄及等级	2 年以上健壮实生大苗
		种植方法	纯林
抚育	年内洪水过后	补植	对不成活或冲拔掉的沙棘，应及时补植

（8）主沟上游沟道"人造滩地"与栽植技术

对于顺直和弯曲形沟道主沟上游沟道"人造滩地"，其造林设计模式宜参照图 7-21 进行设计，其种植技术规格见表 7-10。

表 7-10 主沟上游沟道"人造滩地"种植细则

项目	时间	方式	规格与要求
种植	春季秋季	坑挖或沟	0.3 m×0.3 m×0.5 m（深度）
		埋深	保证 0.5 m 埋深、踏实
		苗龄及等级	2 年以上健壮实生苗
		种植方法	沙棘、乌柳混交林
抚育	年内洪水过后	补植	对不成活或冲拔掉的乌柳或沙棘，应及时补植

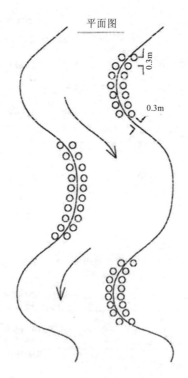

图 7-21　主沟上游沟道"人造滩地"

（9）骨干工程坝回水末端处沙棘"柔性坝"加高典型设计与栽植技术

对于顺直和弯曲形主沟沟道上游骨干工程坝回水末端处沙棘"柔性坝"加高典型设计可参见图 7-22，其种植技术规格见表 7-11。

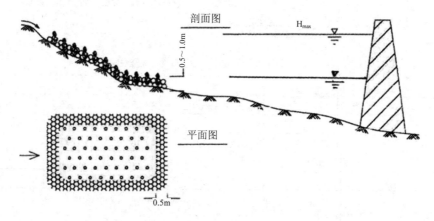

图 7-22　骨干坝坝体体外沙棘"柔性坝"加高设计模式

表7-11 骨干工程坝坝体外"柔性坝"加高种植细则

项目	时间	方式	规格与要求
种植	春季 秋季	坑或挖沟	0.3 m×0.5 m×0.5 m（深度）
		砌石	0.5～1.0 m（深度）
		埋深	保证0.5 m埋深、踏实
		苗龄及等级	2年以上健壮实生苗，2～3行
		种植方法	沙棘、乌柳混交林
抚育	年内洪水过后	补植	对不成活或冲拔掉的沙棘或乌柳，应及时补植

7.4 沙棘植物"柔性坝"试验成果简介

自2002年至今，在水利部沙棘开发管理中心的支持下，沙棘植物柔性坝开始在整个西召沟1#骨干工程坝上下游沟道开始推广试验，据统计，目前在整个砒砂岩区已推广300多万亩。现将在西召沟1#骨干工程上下游支、毛沟沟道的推广情况简介如下。

（1）西召沟1#骨干工程上下游支、毛沟沟道及沙棘"柔性坝"布设特征

选择了1#骨干工程上、下游19条支、毛沟作为推广试验栽植区，控制流域面积约3.465 km²。西召沟支毛沟沟头"柔性坝"坝系工程布置见图7-23，西召沟1#骨干工程上下游支、毛沟道沙棘植物"柔性坝"布设及特征值测量见表7-23。

除位于1#骨干坝以下的西一支沟外，其余18条支沟均位于1#骨干工程以上，从表7-12可看出，19条支沟总面积2.451 km²，面积变化在0.030～0.484；总沟长约10 011 m，长度变化在199～1 226 m；平均沟宽85.4 m，宽度变化在40.3～196 m；平均沟深23.1 m，深度变化在10.5～34.5 m；平均沟道比降12.2%，比降变化在6.7%～22.4%；平均沟谷坡度24°，坡度变化在19.6°～28.4°。

表7-12 西召沟1# 骨干工程上下游支、毛沟沟道沙棘 "柔性坝"布设及测量特征值

项目 编号	① 面积/ km²	② 沟长/ m	③ 沟宽/ m	④ 沟深/ m	⑤ 沟道比 降/%	⑥ 沟谷坡 度/（°）	⑦ 岩石性质 （颜色）	柔性坝布 设坝数及 保存情况		备注
西一支沟	0.365	1 200	133.3	22.0	7.90	20.7	紫红	9	好	①2001 年 4月1—10 日进行"柔 性坝"施工
西二支沟	0.484	1 226	196.0	29.5	7.21	24.6	紫红、右黄土 1/3	8	好	
西三支沟	0.082	475	64.3	14.8	11.95	19.6	紫红	5	好	
西四支沟	0.260	1 059	131.3	26.3	6.70	22.3	紫红	5	好	

项目 编号	① 面积/ km²	② 沟长/ m	③ 沟宽/ m	④ 沟深/ m	⑤ 沟道比 降/%	⑥ 沟谷坡 度/(°)	⑦ 岩石性质 （颜色）	柔性坝布 设坝数及 保存情况		备注
西五支沟	0.031	308	49.3	10.8	18.20	23.4	灰白	7	好	②2002 年 7月3日— 8 月 18 日 进行沟道 特征值测 量
西六支沟	0.302	852	177.7	32.5	9.05	22.3	左岸灰紫各 半、右岸黄土	5	好	
西七支沟	0.171	625	170.0	34.5	9.90	22.9	粉红	1	冲毁	
西八支沟	0.030	199	40.3	16.3	22.40	28.1	紫红上盖砾 石 3 m	未种	未种	
西九支沟	0.116	394	106.0	26.5	14.35	22.2	紫红上盖黄 土 5 m	未种 (40)	未种	
东十一支 沟	0.054	358	105.3	27.0	14.60	24.8	紫红上盖黄 土 6 m	3	好	
东十支沟	0.063	294	108.7	20.7	13.70	23.2	上游黄色下 游紫色	1	好	
东九支沟	0.036	293	88.7	17.0	12.35	22.8	褐色石头	未种	未种	
东八支沟	0.100	422	121.7	29.8	11.55	25.9	右岸灰白左 岸黄色	4	好	
东七支沟	0.120	364	153.3	29.3	13.20	24.7	紫红	8	好	
东六支沟	0.050	372	114.3	32.2	15.55	28.4	大部灰白上 部紫红	3	好	
东五支沟	0.067	475	97.7	22.3	9.30	21.3	工业区蓝紫 相间	6	好	
东四支沟	0.025	300	53.7	10.5	15.45	22.9	灰蓝紫相间	5	好	
东三支沟	0.060	490	100.0	22.3	9.85	20.9	紫红	8	好	
东二支沟	0.035	305	62.7	14.8	16.30	28.1	上部黄色下 部紫红	3 (41)	好	
19 条支 沟合计/ 平均	2.451	10 011	85.4	23.1	12.20	24.0		81	好	
	合计			平均						

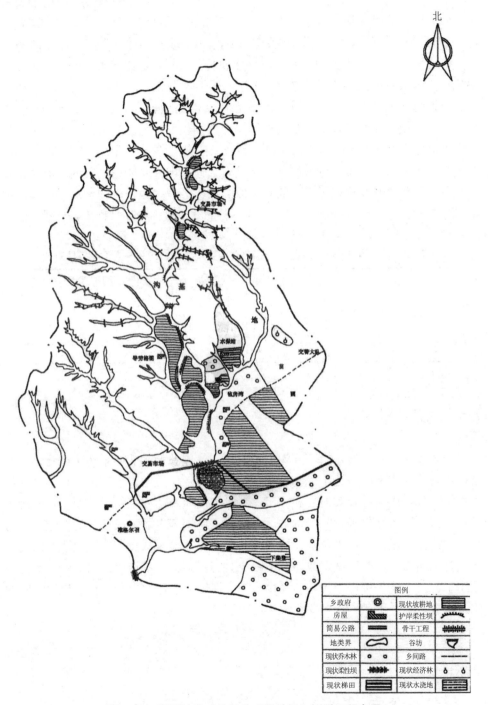

图 7-23　西召沟支毛沟沟头"柔性坝"坝系工程布置

　（2）沙棘"柔性坝"坝系布设数量及初次汛后保存情况

　西召沟 1#骨干工程上下游 19 条支沟中，其中布设"柔性坝"坝系工程 16 条，西八、西九、东九 3 条支沟没有布设。原因是：西八沟道比降大，西九、东九为褐色石头沟未布设。16 条沟共布设 81 座"柔性坝"。右岸 40 座，左岸 41 座。由于汛期暴雨强度不大，故施种的沙棘苗，基本成活良好，只有西七支沟布设的 1 座"柔性坝"被冲毁，初步认为原因是流域面积大，汇流量大。东十支沟也是一座"柔性坝"，汇流面积小，坝体完整，未被水流冲刷。证明在 9.9% 的比降条件下汇流量大，单坝难以分散股流，必须有柔性坝坝系才能达到目的。其坝系布设数量和保存情况及与东一支沟的对比情况见表 7-13。西一支沟全沟采用均匀种植，沟道平均宽 7 m，共种了 105 行，其中一部分苗木施种在坡面上，全部成活。

表 7-13　西召沟 1#骨干工程上、下游 19 条支沟与西召沟东一支沟特征值对比

编号	沟　号	面积/ km²	沟长/ m	沟宽/ m	沟深/ m	比降/ %	沟谷坡度/ (°)	"柔性坝" 数/个
①	西召沟头 19 条支沟平均值	2.451	10 011	85.4	23.1	12.2	20.7	81
②	东一支沟	0.23	1 384	4.68	10	4.4	36.4	9
	①/②	10.66	7.2	18.2	2.3	2.8	0.57	9

7.5　本章小结

　本章以内蒙古准格尔旗西召沟东一支沟小流域沙棘柔性坝系统工程为例，结合砒砂岩区的实际，讨论了沙棘植物柔性坝系统工程技术体系，主要包括：沙棘柔性坝的各组成部分及其内涵和作用，沙棘柔性坝及其坝系的设计原则，沙棘柔性坝坝系工程密度的确定与基本方法，沙棘柔性坝各主要组成部分的典型设计与相应的施工（栽植）技术及其实施细则，最后对试验区域及扩展试验区的研究成果进行了简介。在前期试验成果及实践经验的基础上，本章所提出的沙棘柔性坝系统工程技术体系可用于指导后续以沙棘柔性坝为主体的生态工程在砒砂岩区的水土流失治理工程，具有重要参考与现实意义。

8 砒砂岩区小流域沟道综合治理技术模式研究

  黄土高原基岩产沙区是黄河中上游多沙粗沙主要来源区域，砒砂岩区是基岩产沙区的核心，其自然环境最为恶劣，产沙直接影响着黄河下游河床淤积的抬升，因此治理砒砂岩地区的水土流失，对于减轻黄河下游粗沙淤积具有重要意义。要想使砒砂岩地区得到根治，根据"天人合一，人与自然和谐相处"的观点，笔者认为最终的治理措施还是植物措施，但是根据砒砂岩地区的水土流失现状，并结合现阶段的社会经济发展，目前对于砒砂岩地区的治理必须采取植物与工程相结合的综合措施，方能有效控制砒砂岩地区的水土流失，等到治理到一定阶段时，如该区植被盖度达到50%以上时，方可不依赖于工程措施，采取植物措施治理该区水土流失并全面恢复生态环境，进而使该区的生态经济实现良性循环。小流域综合治理已经在黄土高原取得了巨大成功，那么要彻底根治砒砂岩地区的水土流失，也必须在该区采取多种措施，实行小流域综合治理的模式，才能综合整治水土资源，达到水不流失、土不移位或短距离移位的目的。从该区水土资源短缺、生态环境恶劣的特点出发，并结合该区域长远经济发展及黄河下游防洪减灾的要求出发，必须综合系统地协调上下游区域的水、土、沙资源。具体办法就是在砒砂岩区小流域沟道实行综合治理技术，具体就是在砒砂岩地区的支、毛沟头采用沙棘植物"柔性坝"，并结合刚性淤地坝、治沟骨干坝及沟口微型谷坊，形成综合防治系统，也就是在砒砂岩区对每一条三级支沟采取自上而下、刚柔结合的工程体系，首先在3级、4级、5级支、毛沟中栽植沙棘"柔性坝"，在关键位置建设治沟骨干坝及在其他相应位置建设淤地坝，并在沟口建设能形成微型水库的小型谷坊。通过这样自上而下刚柔结合的工程体系，就完全可把粗沙就地拦截在支毛沟中，同时能使粗细沙分开，水沙分治；然后在二级支沟和一级支沟上兴建小型、中型和大型水利枢纽，以开发利用拦蓄水资源和开发利用沟道坝地。这样不但可以把粗泥沙拦截，而且可以有效利用洪水资源，又可以节约黄河下游的冲沙用水，达到一举多得的目的。

8.1 就地拦沙的治理思路及技术模式

8.1.1 就地拦沙的治理思路

如前所述，黄土高原水土保持小流域综合治理是建立在水土保持学与生态经济学理论基础上的综合治理，实质上是进行黄土高原水土保持生态经济的系统治理，即除单纯减少入黄泥沙外，结合区域经济建设，合理安排农林牧副业，把生态型治理、生态建设与经济建设紧密结合起来，形成一个综合生态经济治理系统。

对于砒砂岩区水土流失的治理对策，笔者认为以沙棘植物"柔性坝"作为治理砒砂岩地区水土流失的新措施，这是配合已有沟道治理工程，如淤地坝、骨干坝的一个重要组成部分，从而形成一个植物和工程措施相结合的沟道治理体系新模式。以一个面积为 20 km^2 的小流域为例，把泥沙就地截留在千沟万壑之中的沟道治理模式为"A+B+C+D"模式，如果这一模式试验成功，在砒砂岩地区小流域沟道可达到泥沙不出沟，水资源就地循环使用，植物不断高生长，使小流域内水沙平衡，最终达到生态平衡，为经济可持续发展提供保障。

8.1.2 就地拦沙技术模式——小流域沟道综合治理

根据上述治理思路，基于砒砂岩区产沙主要集中于流域上游的支、毛沟道中且以非径流产沙形式为主的特点，可以考虑采用沙棘植物"柔性坝"坝系拦截沟道中的粗沙。考虑到近年来连续干旱、土地沙化、沙尘暴频繁，加之全球气候变暖，干旱不会在短期内解除，人类活动会使土地沙化进一步加重，从而会增加沙尘暴扬尘面积，因此寻找替代坡耕地的优质土地，提高农民退耕还林还草的自愿性，可以加快退耕还林还草的进程。另外，从该区生态经济可持续发展的角度出发，应该建立以沟底基本农田为核心（包括沟道坝地、人工滩地、人工湿地），以沟道治理为主，兼治坡面，防止土壤流失，就地拦截粗泥沙，防止土地进一步沙化，促进退耕还林还草，可以在一定程度上抑制沙尘暴。为此，以沙棘植物"柔性坝"拦沙为主，以骨干坝为依托，以微型水库为保证，形成支、毛沟拦截粗沙，人工滩地与沟道坝地拦截细沙，坝与坝之间可形成"人工湿地"，沟道和坡面沙棘林木可截留天然暴雨，沿沟长利用沟道内的沙棘柔性坝及其次生草本灌木等消能，使水沙分治，所形成的沟道坝地、人工滩地、人工湿地还可作为基本农田的重要组成部分，也就是以"人工滩地"、"沟道坝地"、"人工湿地"增加天然径流的入渗量，以微型水库拦蓄剩余径流，从而达到粗、细沙分治，水沙平衡、生态平衡、可持续发展的目的（见图 8-1）。针对面积为 20 km² 的小流域沟道，综合治理模式如下：

$$A+B+C+C_1+C_2+D+E \qquad\qquad (8-1)$$

式中：A——针对黄河干流的 4 级、5 级支、毛沟，用沙棘植物"柔性坝"坝系拦截粗沙部分；

B——针对黄河干流 4 级支、毛沟，在"柔性坝"坝系的最后一道坝的下游建造两座土谷坊（淤地坝）或柳谷坊，视上游控制面积大小，根据需要布设小型溢洪道，$B=（B_上+B_中+B_下）$，其中 $B_上$ 指上游谷坊拦截细泥沙部分，$B_下$ 指下游谷坊拦截区间未控制泥沙和溢洪泥沙，且同时拦截由于没有布设溢洪道而通过坝体渗漏作用所产生的渗流，$B_中$ 指当下游谷坊蓄水后，在回水末端至上下游区间所形成的沟道"人工湿地"；

C——针对黄河干流的 3 级支沟，根据沟道形态修建 2～3 座骨干坝，$C=（C_上+C_下）$，其中 $C_上$ 为拦截区间未控制区域的泥沙和拦蓄主沟道的径流，$C_下$ 为拦蓄主沟道和区间径流以及拦截未控制区域的泥沙；

C_1——针对 $C_上$ 以上的 3 级主沟道，首先按行洪流量和支、毛沟沟道地形，进行流路设计，然后设计采用沙棘植物"柔性坝"拦沙技术和植物人工围滩溢洪——"人工滩地"拦沙技术（人工围滩可利用沙棘、乌柳、石块等，就地取材），视水流情况交错布置，拦截经"柔性坝"坝系拦截 4 级、5 级支、毛沟粗泥沙后的细泥沙，从而在沟床边侧淤滩，形成"人工滩地"，发展沟道农田；

C_2——在 $C_上$ 骨干坝运用 2～3 年后，着手在其回水末端布置沙棘植物"柔性坝"（其坝长视比降、来水量和地形而定），相当于通过实施拦沙抬高了侵蚀基准面，即把沟道剩余的粗沙拦截在 $C_上$ 淤积末端以上，使细泥沙进入 $C_上$ 骨干坝内，这样可以延长 $C_上$ 骨干坝的使用寿命；

D——针对黄河干流 3 级支沟中紧接 $C_下$ 的骨干坝，修建库容为 500 万～1 000 万 m³ 的微型水库，该水库要按正规水库进行设计施工，保证质量，主要作用是蓄水，用以解决流域内的人畜饮水、灌溉用水或工业用水以及用于水产养殖。从管理上在小流域内推广节水措施，才能有效地利用水资源，以解决 20 km² 小流域内的水源问题，力求达到自给的目的；

E——针对骨干坝的开发利用，在 $C_上$ 至 D 沟段内，尽量规划布设排水系统。这个系统属清水排泄系统，可用管道铺设或开挖明渠，用于把 $C_上$ 至

$C_\text{下}$之间的清水全部排泄至 D 微型水库内，具体设计要根据沟道 $C_\text{上}$ 至 $C_\text{下}$ 之间的清水量而定。

在此，以一个 20 km² 的小流域，阐释了砒砂岩区小流域沟道就地拦沙的水土保持综合治理模式，是一个完整而系统的防治体系，可以把粗、细泥沙分开，并可将其全部拦截在流域沟道内，从根本上消除粗沙对黄河中下游河道及干支流水库的危害；同时将暴雨洪水拦蓄在各类工程坝内，为该区可持续发展打下良好的基础。在拦沙保水过程中，用沟底基本农田取代坡耕地，可促进退耕还林还草，抑制和减缓沙暴扬尘及其弥散程度，有利于清洁空气。

8.2 蓄水持水的治理思路与技术模式

8.2.1 砒砂岩区蓄水持水的治理思路

砒砂岩区气候干旱、植被稀少，冬春季多大风，沙尘暴频繁，年均降雨量不足 400 mm，年降雨量主要发生在汛期，并集中于汛期的几场暴雨中，这里是黄河上中游地区的暴雨中心。目前，随着我国西部大开发战略的实施，这里的能源重化工业已成为我国国民经济的支柱产业，大小城镇随之崛起，加之农业产业结构调整，水资源短缺问题日益严重。为了寻找利用水土保持途径解决该地区的水资源不足，在不考虑调水的前提下，首先把水沙分开，在砒砂岩区 3 级、4 级、5 级支沟中采取沙棘植物"柔性坝"坝系工程，就近拦截支毛沟粗沙，利用刚性坝系工程（淤地坝和骨干坝）拦截细泥沙；其次，采用微型水库把水沙分开，再借助沙棘植物"柔性坝"坝群的植物干枝阻水、分流，利用"柔性坝"坝系和刚性骨干坝的淤积泥沙最大限度地拦截汛期降雨，增加降雨入渗量，形成土壤水库，以削峰缓洪；最后在 1 级和 2 级支沟（流）内，采用一定规模的水利枢纽拦蓄洪水。这样，不仅可以解决当地对水资源的需求，还可以把砒砂岩区的各级支沟、支流作为黄河支流系统开发利用水资源和防洪的重要组成部分，换句话说，就是从砒砂岩区的生态和沟道坝系建设入手，把该区的千沟万壑纳入黄河整个拦沙系统和黄河洪水调节系统中，与黄河的一级、二级支流上的骨干水利工程联合起来，共同解决黄河下游的泥沙与洪水灾害。这样不仅有利于缓解黄河的泥沙问题，还可以保证砒砂岩区域的生态环境用水。

8.2.2 蓄水持水的基本原则

要解决砒砂岩区的水资源问题，必须把砒砂岩区乃至整个基岩产沙区看成一个完整的系统，必须确立以水资源可持续利用支撑砒砂岩区社会经济持续发展的指导思想，必须遵循近几十年来，特别是 20 世纪 80 年代以来黄土高原水土保持治理成功的科学经验，统筹处理砒砂岩区的泥沙、洪水、基本农田、退耕还林（草）等问题，才能全面协调经济效益、社会效益和生态效益。蓄水持水的基本原则如下：

（1）必须把黄河下游的防洪减灾、中游的生态恢复和全河的水资源短缺协调起来，进行统一规划。

（2）必须以小流域为基本单元（指 $20\sim30$ km^2 的 3 级支沟，包括 4 级、5 级支沟）进行治理。

钱正英院士指出："把这片支离破碎的土地，分解成不同层次的小流域，从黄河一级支流，到二级支流、三级支流直到集水面积只有几平方公里，甚至零点几平方公里的毛沟。这些小流域本来就是水土流失的单元，也是生态环境受破坏的单元。但是在对每个小流域注入了家庭联产承包责任制这一活跃生产力因素以后，就可以将这些小流域从水土流失单元改造成从塬面、坡面到沟道的完整的水土保持防护体系，把这些小流域从恶性循环的生态环境单元改造成为农、林、牧、副、渔互相支持的良性循环生态系统，把这些小流域最终建成多个适度规模经营的社会主义商品经济单元。将这些小单元联系组织起来就可以成为黄土高原综合开发的大系统。"钱正英院士还说道"小流域治理是黄土高原综合开发的基点。小流域可以联成大系统，经过长期奋斗，治理可以发展成为改造黄土高原的系统工程。"由此可见，小流域治理与一般意义上的水土保持有明显区别，一般意义上的水土保持主要目的是保"土"，维持和改良土壤，达到永续生产的目的。而小流域治理主要目的是为了保水蓄水。实际上在干旱半干旱地区仅仅保住土，也难达到永续生产的目的，为此必须明确小流域治理的两个目标：一个是对泥沙移动的控制，另一个是对水的控制。具体来讲，要从小流域的泥沙、洪水、水量、水质的角度入手，才能达到钱正英院士所讲的"小流域治理可以发展成为改造黄土高原的系统工程"。

（3）必须遵循时序效应，即在拦蓄径流之前，先拦截粗、细沙。

在窟野河 3 级支沟——西召沟内东一支沟进行的沙棘"柔性坝"拦沙试验，已经证明可以把粗、细泥沙分开并拦截，沙棘"柔性坝"坝体和坝上游壅水段均系粗沙淤积。只要有沙棘"柔性坝"的地方，就有粗沙淤积体；"柔性坝"的沙棘直接截留暴雨，坝体和上游淤积粗沙可以增加暴雨入渗并形成土壤水库，非常有利于沟道草木植物的恢复。

（4）必须最大限度地截留暴雨径流。

　　砒砂岩区年均降雨量虽然小于 400 mm,但其特点是降雨集中于每年 6—9 月,甚至集中于几场暴雨中,如河龙区间 6 条支流汛期径流量占年径流量的 61.1%,洪水径流量占年径流量的 34.2%。内蒙古西召沟 1995—1999 年 5 年汛期降雨量分配情况见表 8-1,7 月占 28.9%,7—8 月占 64.2%,6—9 月降雨量占年雨量的 88.2%。沟道在无控制的情况下,降雨径流均进入干流,而且洪水与泥沙同步产生,水流含沙量高而难以利用,为此首先必须保护植被,加速生态建设,增加林草覆盖度,全面截留汛期天然降雨;其次要加速拦截粗沙、细沙和加大土壤渗透面积,创造有利于土壤渗透条件,增加降雨入渗量,由于粗沙渗透系数较大,每日渗透厚度约达十几米,见表 8-2[7],例如沙棘植物"柔性坝"坝系全面有效地拦截粗沙,所形成的粗沙淤积体有利于沟道中暴雨径流的入渗,淤地坝和骨干坝拦截细沙本身就可增加土壤渗透面积。

表 8-1　内蒙古准格尔旗西召沟汛期降雨量分配情况

年份	降雨量/mm				占年降雨量的比例/%		
	全年	7 月	7—8 月	6—9 月	7 月	7—8 月	6—9 月
1995	395.5	89	286.5	375.5	22.5	72.4	94.9
1996	387.2	125.7	298.7	381.2	32.5	77.1	98.5
1997	180.4	45	81.6	158.1	24.9	45.2	87.6
1998	229.1	121	182	200.1	52.8	79.4	87.3
1999	190	19	38	104.5	10	20	55
平　均	276.4	79.9	177.4	243.9	28.9	64.2	88.2

表 8-2　不同土壤类型的土壤渗透系数

土壤类型	黏土	重壤土	细壤土	粗壤土	沙壤土	粉沙土	沙土	细沙	粗沙
小时渗透系数/（mm/h）	0.5	1.5	2.5	2.9	3.2	4.1	5	108	708
日渗透系数/（m/d）	0.012	0.036	0.06	0.0696	0.077	0.098	0.12	2.6	17

　　(5) 必须以沟道治理为核心。

　　根据砒砂岩区产沙主要集中在流域上游的支毛沟道中且以非径流产沙为主的特点,为此在支毛沟头部位,采取以沙棘植物"柔性坝"拦沙技术为主(达到拦截粗沙和恢复生态的目的),以沟道坝地、人工滩地、人工湿地为沟底基本农田的主要组成部分,以水土保持治沟骨干坝为依托,拦截主沟干流中的细沙并蓄水,以谷坊等微型水库拦截支沟细沙并蓄水。这样既能创造部分优质基本农田,又能促进区域的退耕还林还草,加大植被覆盖面积,又把汛期高含沙洪水中的粗细沙分开,水沙分治，也即实现在三级支沟小流域集中拦截泥沙和保水的目的，这样还可以为二级支沟、一级支流开发利用水资源和调节洪水提供一定的缓冲时间和空间。

（6）在砒砂岩所在的基岩产沙区的二级支沟和一级支流上，集中兴建小型、中型、大型水利枢纽，以开发沟道水、土资源和在二级支沟与一级支流上形成较大的槽蓄库容。

通过沟道系统综合开发治理模式，在四级、五级支沟拦截粗沙，在三级支沟处理细沙，才有可能在二级支沟和一级支流拦洪蓄水，澄出清水，为开发利用沟道水、土资源创造条件。

（7）由于砒砂岩区及其所在的整个基岩产沙区是黄河下游河床粗沙的核心来源区，又由于洪水和泥沙具有同步性特点，很显然在当地处理泥沙和洪水就不能单纯看做是局部性问题，而是涉及大江大河防洪减灾方面的系统性问题，因此应将粗沙来源核心区二级支沟和一级支流的治理开发一并纳入国家大江大河防洪与减灾系统中。

8.2.3 蓄水持水的技术模式——小流域沟道综合治理

根据上述基本原则，首先应该对砒砂岩地区进行统一规划，确定治理重点沟道和范围、确定工程布局、投资规模、实施进度等，同时明确必须解决的重大科研问题和完善相应水土保持监测站网的布设和管理。建议用 10～15 年的时间，使该区的治理面积达到 80%，以三级支沟 20～30 km² 为小流域治理的基本单元，分阶段实施。

治理的技术模式，按时序实施如下：①用 5～10 年的时间在四级、五级支沟中采取沟道沙棘植物"柔性坝"坝系拦截粗沙和兴建淤地坝拦截细沙，治理面积尽可能达到该区四级、五级支沟总面积的 90%，达到该区三级支沟总面积的 70%。②在三级支沟开发"人工滩地"，并进行水土保持治沟骨干坝坝系建设，分级拦截泥沙，发展沟道基本农田，促进退耕还林还草，恢复当地生态，在充分拦蓄小流域降雨径流的基础上，根据当地人口和经济发展状况，探索小流域水资源利用方式和水量供需平衡标准。在三级支沟小流域治理的同时，可在二级支沟上兴建小型水利枢纽，使之可与二级支沟及三级支沟的治沟骨干坝进行优化配置，联合运用。③再用约 5 年的时间完成三级、四级、五级支沟剩余的治理任务；并将四级、五级支沟淤地坝的规模控制在 50 万 m³ 以下；三级支沟的治沟骨干坝规模控制在 100 万 m³ 以下，按百年一遇洪水标准设计，200 年一遇洪水标准校核；三级支沟微型水库的规模控制在 500 万～1 000 万 m³，200 年一遇设计，300 年一遇校核；二级支流小型水库的规模可控制在 1 000 万～10 000 万 m³，按 300 年一遇设计，500 年一遇校核。对这些骨干坝、淤地坝、微型水库及沙棘植物柔性坝坝系，要系统管理，联合调度使用，以发挥其最大拦沙蓄水效益，期望最终能实现该区域的山川秀美。④砒砂岩区属荒漠草原带，近期坡面应以灌木带状种草为主，与此同时在该区应实行长期的禁牧政策。在沟底，乔木林因生长耗水量大，近期不宜大面积发展，应以沙棘灌木为主，可适度发展一定面积的沙棘与山杏的混交林。在三级、四级支沟沟谷底沙棘植物"柔性坝"形成密闭植物群落的条件下，在沟谷坡脚 1～2 m 高程处可种植油松，以适当配置些经济林木。⑤沙棘植物"柔性坝"、淤地坝、治沟骨干坝、微型水库、小型水库、中型水库在整个流域内进行配置，要根据洪水频率、地形条件，依据坝系规划的原则，进行相应的科学研究，以确定合理的配置比。

在不考虑调水的前提下，笔者在此提出能从根本上解决砒砂岩区水资源短缺的途径是最大限度地聚集和利用暴雨径流，并给出了一个可操作的开发治理技术模式。主要内容是：首先从天然暴雨径流含沙量高、不能直接利用的事实出发，采用沙棘植物"柔性坝"技术拦截支毛沟的粗泥沙，配合淤地坝、骨干坝，使粗沙、细沙淤积分离在三级、四级支沟的小流域内，同时还可形成一定量的沟道"人工滩地"、坝地和人工湿地，坝地和人工湿地可作为该区的基本农田使用，可促进坡面退耕还林草。然后，在三级支沟和二级支流上兴建小型、中型水利枢纽，配合黄河系统范围内的防洪减灾工程，实现区域水资源的统一调度，既可缓解砒砂岩区乃至整个多沙粗沙区范围内的水资源不足，又能把上游的洪水就地拦蓄，有利于减轻黄河下游的洪水灾害和减少黄河下游冲沙入海需水量。

8.3　沙棘在砒砂岩区水土资源可持续利用中的协调功能

砒砂岩地区植物"柔性坝"试验研究表明：① 沙棘植物"柔性坝"能就近拦截沟道粗沙，并天然分选粗细泥沙。② 沙棘能不断高生长，被淤埋的沙棘干能萌发新的横根，横根上又能萌发新的幼苗，使"柔性坝"坝体与时俱增而不断繁殖，具有良好的展延能力。③ 沙棘灌木可成为就地取材的廉价植坝材料，并具有快速恢复生态、固土拦沙、抬高侵蚀基准、缓洪与削峰的功能。上述成果使广大科技工作者看到了利用沙棘分选粗细泥沙并最终治理砒砂岩区的水土流失和恢复生态的希望，也进一步证明了钱正英院士所提出的"以开发沙棘资源作为加速黄土高原治理的突破口"这一科学建议的正确性，显示出了沙棘植物"柔性坝"坝系在支毛沟壑对水、土、沙的协调作用和沙棘自身无废物可全部开发利用的经济价值。在此，我们对沙棘"柔性坝"坝系恢复沟道生态的主导性，协调沟道水、土、沙资源，协调沟、坡关系，协调生态与经济的关系等进行探讨。

8.3.1　两个模式

在前述的砒砂岩区小流域沟道综合治理模式（就地拦沙和就地蓄水）的基础上，提出两个简单的模式，分别简介如下：

（1）模式一：沟道治理模式

砒砂岩区小流域沟道综合治理模式简称为沟道治理模式，主要是指在沙棘柔性坝、淤地坝、骨干坝及小型谷坊和微型水库的配置下的沟道治理。根据在示范推广区——西召沟流域的调查统计数据，我们对西召沟流域内的沙棘柔性坝的座数、淤地坝的座数、骨干坝的座数及小型谷坊和微型水库的座数之间的关系进行了分析，给出了一些经验关系式。如在 20 km^2 小流域内从沟头开始布设柔性坝（F_d）、淤地坝（C_d）、骨干坝（M_d）、微型水库（R_d），那么其数量之间的关系大约如下：$n=F_d+C_d+M_d+R_d$，其中 $M_d=1$，$C_d=3M_d$，$R_d=3C_d$，$F_d=13R_d=117M_d$，其中，n 是流域内布设各类型坝的总数。可见，由于柔性坝栽植与成本费用低廉，施工方便，加之不受地形限制，故其所占数量最大，基本上全部分布于支、毛沟头等地。按照如此的数量配置，在柔性坝体与刚性坝体的共同作用下，砒砂岩区小流域沟道的水土流失基本可以控制住。

在砒砂岩地区水土资源可持续利用中，沙棘是以"柔性坝"的筑坝材料形式体现的，沙棘柔性坝与沟道其他刚性工程合理配置，既可达到防止土壤侵蚀的目的，也可协调水、土、沙资源。

（2）模式二：沙棘农作管理模式

把沙棘生态农作式栽培管理模式简称为沙棘农作管理模式。沙棘农作管理模式是指把沙棘当做一种"农作物"进行栽培管理，第一年造林，2～3 年后收叶、收果，立地条件差的地方 7～8 年后收割杆枝，立地条件好的地方多收几年叶、果，15 年后在平茬或更新的时候可收杆枝，作为造纸的原料或薪火炭柴燃料。

上述两个模式是相辅相成的，是完整统一的，在发挥水土保持效益的同时发挥着生态经济效益，二者具有同步性。沟道治理模式可协调区域沟道的水、土、沙资源，为建立沟道人工生态系统奠定了良好的基础，沙棘农作管理模式为沙棘资源成为该区一种周而复始的新型"农作物"及其进入市场奠定了良好的基础，从而在该区人与环境和谐相处过程中发挥着重要的协调功能。

8.3.2　协调沟道水、土、沙资源

协调沟道水、土、沙资源主要是指沟道中的水、土、沙资源在沙棘柔性坝作用下的重新再分布。由于沿水流方向沙棘"柔性坝"坝系呈现出双重性，一是从

拦截支、毛沟头泥沙的角度看，沙棘"柔性坝"坝系表现出一定的主导性，并且与刚性淤地坝、骨干坝和微型水库共同构成拦截沟道泥沙的系统工程，从而使沟道内的原有泥沙在整个沟道空间内重新分布。二是从公式模式一中所介绍的柔性坝、淤地坝、骨干坝、微型水库等之间的数量关系可知，沙棘"柔性坝"的数量为淤地坝的 13 倍，是骨干坝的 39 倍，说明沙棘"柔性坝"的拦沙效应不容忽视，在整个拦截系统中起着重要甚至是主导作用。协调的结果是在沟道的沟头形成人工沙棘林生态系统，中段形成人工湿地生态系统，沟口形成人工湖泊生态系统，最终构建成整个沟道流域人工生态系统，这有利于区域生态系统的恢复，为该区发展农牧业、调整产业结构奠定良好的基础。

8.3.3　协调沟、坡生态恢复过程

一旦沟道有了良好的水、土资源，就能垂向地协调沟、坡的生态恢复过程与关系，促进坡面退耕还林还草和坡面自然草被的保护与恢复。根据沟道治理后的调查，1 亩沟地的收成是坡地收成的 3～5 倍，没有沙棘"柔性坝"坝系的协调，是不可能取得这样的结果的。另外，该区属荒漠草原带，在经历连续四年干旱后，根据现场调查，我们发现该区适宜于生长草灌植被，在裸露砒砂岩和覆土砒砂岩坡面上更是宜于种植柠条、沙棘和草本植被，覆沙砒砂岩坡面宜于种植沙柳、沙蒿和沙棘。为此，我们建议可在坡面选择合适的灌木种植等高植物篱，在篱间种草，形成坡面草灌植被生态系统，这样既可抑制沙尘暴，也可遏制土地的沙化。

8.3.4　协调生态与经济的关系

协调生态与经济的关系，主要是指沙棘在发挥生态效益的同时所具有的显著经济效益。按农作式栽培管理的要求，沙棘的平均成活周期大约是 9 年，因此 9 年以后就可收获沙棘，收获的叶、果可加工生产成绿色食品和提高人体免疫功能的保健品与药物，还可作为其他产品的原材料，例如干枝可成为加工生产高密度板材的原料，且不留废渣，经济效益十分可观，这些都将为该区的区域经济发展注入新的活力，可以成为该区具有发展潜力的支柱产业，为当地百姓的脱贫致富打下基础。

8.3.5　协调人与环境的关系

有了经济收入后，群众就有积极性，可以进行扩大生产再投入，大面积地号召群众在荒坡沟道种植沙棘柔性坝，这样既可逐渐形成稳定的生态环境，又能产生切实的经济效益，也能保证区域社会的和谐发展，这个过程将呈现出螺旋式地

循环上升，最终实现人与自然和谐相处，为实现该区的可持续发展奠定基础。砒砂岩区 20 km² 小流域内沙棘"柔性坝"坝系协调关系图见图 8-1。

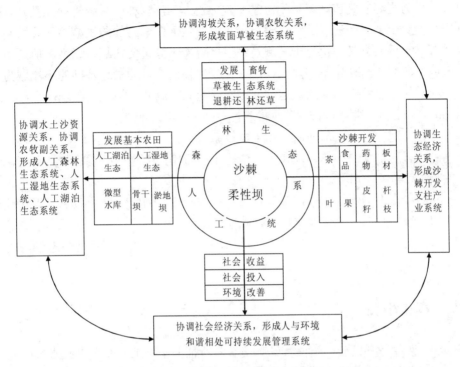

图 8-1   沙棘"柔性坝"坝系协调关系

从图 8-1 可以看出，沙棘"柔性坝"坝系从协调沟道沙、土和水开始，引起系统响应，产生良性循环。该宏观框架图符合《21 世纪议程》行动纲领提出的可持续发展战略思想，同时证明了"以开发沙棘资源作为加速黄土高原治理的突破口"建议的科学实质是沙棘在四个方面的链状协调功能。

8.4   几点建议

在对砒砂岩区小流域沟道综合治理模式讨论的基础上，针对其中的一些问题，我们建议如下：

（1）在砒砂岩区应该建立完善的产流产沙监测站网。

目前，在砒砂岩区没有政府机构或科研院所建立的产流产沙监测站，更谈不上站网的建设。笔者建议应该在砒砂岩区选择完整的小流域，在五级、四级、三级支沟（流）上布设系统的水土保持监测站网，积累该区土壤侵蚀与产流产沙数据，以期建立必要的产汇流和土壤侵蚀模型。这些站网除对泥沙进行观测外，还可长久作为观测研究该区森林生态水文效应及人工沙棘林的系统管理的基站。砒砂岩区及整个基岩产沙区的综合整治对于解决黄河中下游的防洪减沙和开发利用水资源具有重要意义，也对于区域经济发展有着十分重要的战略意义。但是由于该区域的研究和治理还不够深入，笔者建议选择已有成功治理基础的小流域为基点，在某一基点的周围有意识地划分不同面积的小流域（2 km^2、5 km^2、10 km^2、25 km^2、50 km^2）进行较长期系列的观测，以积累系统资料。

（2）开展各级沟道治理措施的系统试验研究。

砒砂岩区土壤、地形、地貌、产汇流千差万别，需进行必要的分类研究、技术试验与示范推广研究。

（3）进行水土保持沟道治理各种技术措施研究，为水土保持系统工程建设和将来纳入统一的信息化管理奠定好基础。

（4）探索经济与生态协调发展的途径，以实现该区水土保持与生态经济的良性循环与可持续发展。

8.5 本章小结

本章在前述分析砒砂岩区侵蚀环境基本特征的基础上，结合砒砂岩区产流产沙特点，在前期多年试验研究基础上，基于沙棘柔性坝坝系工程技术模式，结合刚性工程，提出了砒砂岩区小流域沟道综合治理技术模式，为砒砂岩区水土流失治理提供技术支撑。该模式主要包括两方面内容：一是就地拦沙的治理思路与技术模式，二是水土流失的治理思路与技术模式。最后对沙棘在砒砂岩区水土资源可持续利用中的协调功能进行了探讨，包括协调沟道水、土、沙资源，协调沟与坡生态恢复过程，协调生态与经济的关系，协调人与环境的关系，最终达到以沙棘为载体的人与自然和谐相处的目的。

9 沙棘柔性坝在小流域沟道综合治理中的应用与实践

——以砒砂岩区准格尔旗圪秋沟生态综合治理为例

通过沙棘植物"柔性坝"东一支沟野外试验及在西召沟的示范推广试验，证明了沙棘植物"柔性坝"坝系能改变沟道的输水输沙特性，是治理砒砂岩区水土流失的有效生态措施。沙棘植物"柔性坝"按一定株距和行距布设足够长"柔性坝"坝长，可以将暴雨形成的股流分散为漫流，减小其剪切力，使饱和输沙改变为不饱和输沙，把泥沙就地拦截在支、毛沟中，是遏制砒砂岩地区沟道（谷）大比降、高产沙、多粗沙沟头的天然植物拦沙措施，能起到集拦沙、截流、消能、缓洪、溢流、抬高侵蚀基准面、生态恢复于一体的特殊功能。

由于沙棘植物柔性坝试验的成功，鄂尔多斯市政府于 2011 年下半年启动了砒砂岩区圪秋沟生态综合治理示范项目，通过植物措施与工程措施（主要是以植物措施为主），对典型砒砂岩区的圪秋沟进行治理，以达到遏制区域水土流失，恢复区域生态，改善区域环境的目的，在保护生态环境的同时，兼顾水土保持经济效益的发挥，并最终将该区域建成国家级水土保持科技示范园区。该项目计划从 2011 年下半年起实施，拟于 2013 年底或 2014 年上半年完成。该项目的水土保持治理措施主要采取了以沙棘为主的造林模式，在沟道里大量应用沙棘植物"柔性坝"，以拦截沟道粗沙，现将该项目的基本情况及沙棘植物"柔性坝"在其中的应用介绍如下。

9.1 项目概况

9.1.1 项目背景

2000 年以来，鄂尔多斯市按照科学发展观的要求，确立了建设"绿色大市、畜牧业强市"的发展目标，坚持人与自然和谐发展的理念，实施了一大批生态建设与环境治理工程，不但生态环境显著改善，而且积累了许多治理经验和模式，被学术界称为"鄂尔多斯生态现象"，生态治理模式创造了西部典范。

当前，鄂尔多斯整个生态状况正处于持续改善好转的关键历史时期，在生态治理方面应加大科技支撑与投资治理力度，为此，鄂尔多斯市政府决定在典型砒砂岩区准格尔旗圪秋沟流域实施具有较强推广价值、应用前景广泛、示范带动性强的水土保持生态综合治理示范项目，以建立一个水土保持与生态综合治理示范区，为全区的小流域综合治理提供技术支撑，促进该区域水土保持治理与生态建设，以实现区域生态建设的持续、快速、健康发展。

为此，选取砒砂岩丘陵沟壑区作为生态治理示范区，因为该区砒砂岩裸露区分布面积较广，目前已达到 2 万 km²，而且侵蚀剧烈，年均侵蚀模数达 0.5～1.88 万 t/km²，实测最高达 5.97 万 t/km²，号称"世界水土流失之最"，亦有"地球环境癌症"之称，治理难度大。另外，该区也是黄河粗泥沙的主要来源区之一，是黄土高原黄河中游水土保持治理的难点、重点，受到国内外专家的广泛关注，也是鄂尔多斯治理水土流失的重中之重，因此将该区建设为砒砂岩区水土保持生态综合治理示范区，具有重要现实意义。

9.1.2　项目区基本情况

（1）项目区的选择

砒砂岩裸露区广泛分布于晋、陕、蒙接壤地区，鄂尔多斯市集中分布在东部丘陵沟壑区，其中最典型的就分布在准格尔旗暖水乡一带。圪秋沟位于准格尔旗暖水乡境内，是皇甫川支流纳林川的一级支沟。圪秋沟流域内沟壑纵横、砒砂岩裸露，植被稀少，其地形地貌、土壤植被鲜明地反映了砒砂岩区的特性，具有典型的代表性。项目区西侧拟规划建设"黄土高原地区植物观赏园区"，紧邻南部拟规划建设砒砂岩地质公园，可作为项目区治理前后的对照，亦可开发为衔接地质公园的生态旅游景区。另外，暖水乡是准格尔旗确定的整体移民区，大部分村民已搬迁，便于项目安排与实施。

（2）地理位置

圪秋沟位于鄂尔多斯市准格尔旗境内，属黄河中游皇甫川支流纳林川右岸的一级支沟，行政隶属于暖水乡，涉及圪秋沟一个行政村，地理位置东经110°33′45″～110°41′15″，北纬 39°45′00″～39°50′00″，海拔 1 097～1 248 m。项目区整体形状呈长方形，西北高、东南低。总面积 35.18 km²，其中水土流失面积33.07 km²，占总面积的 94%。圪秋沟生态综合治理项目总体布置见图 9-1。

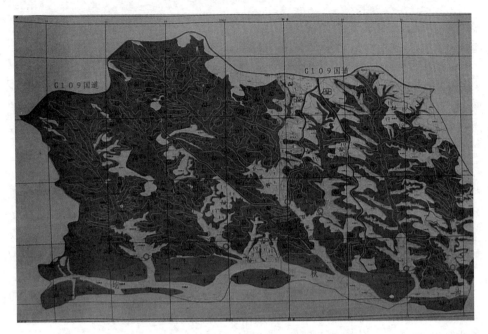

图 9-1 圪秋沟生态综合治理项目总体布置

（3）自然条件

项目区以丘陵沟壑为基本地貌单元，沟道窄且深，地质以白垩纪及侏罗系的砂岩和石岩互层为主（俗称砒砂岩），溯源侵蚀比较严重，沟坡有大面积出露的砒砂岩。小毛沟众多，地形支离破碎，沟壑面积占总土地面积的 57.82%。土壤以砂岩及泥岩土为主，梁峁坡面分布有黄土和栗钙土，土层较薄，厚度一般在 0.3～20 m。植被类型为干旱草原植被，自然植被稀疏，种类单一，主要有长芒草、蒿类、芨芨草、胡枝子、狗尾草、画眉草、车前草等灌草群落；人工林主要分布在河谷阶地及梁峁坡上，乔木树种有杨树、柳树、油松、山杏，灌木有柠条、沙棘等。项目区林草覆盖度仅 15%左右。多年平均降水量 306 mm，6—9 月降水量占全年降水量的 70%；年均蒸发量 2 747.9 mm，多年平均气温 6℃，年均风速 2.6 m/s。

（4）社会经济

项目区涉及准格尔旗暖水乡圪秋沟村，原有农户 132 户 528 人，全部为农业户和农业人口，劳动力 176 人。主要从事农林牧副业生产，2010 年人均纯收入 7 800元。2007 年，在全乡被规划为农牧业禁止开发区之后，大部分农户已搬迁。

9.1.3 项目区内水土流失状况

受地形地貌、气候等自然因素和人为因素的综合作用，项目区土壤侵蚀以水力侵蚀为主，水蚀、风蚀和沟岸的重力侵蚀普遍存在，多年平均侵蚀模数 1.68 万 t/（km²·a）。水土流失面积 33.07 km²，占项目区总面积的 94%，以强烈、极强烈和剧烈侵蚀为主。水土流失造成表土、土壤水分、养分不断流失，土壤结构破坏，沟壑面积增加，生态环境逐步恶化。

项目区过去曾实施过砒砂岩生态减沙、水土保持重点治理及退耕还林等生态建设项目，现有成片、成带状的沙棘林、柠条林和山杏油松林，林地面积 580.86 hm²，现状治理度 17.6%。沟道内有治沟骨干工程 3 座，分布于什布尔台沟、东沟和朝台沟。

9.1.4 项目建设目标与规模

（1）建设目标

本项目遵循生态环境保护建设最大化的要求，坡面拦截天上水，沟道蓄住地表水，以生态用水确定总体治理布局和治理措施配置，形成梁峁、沟坡、沟道三层立体防护模式，为全市未来大面积砒砂岩区生态治理和恢复作出示范，提供成熟、完整、配套的系列技术。

通过两年集中、连片、综合治理，拟新增治理面积 1 994.08 hm²，植被覆盖度由 15% 提高到 75% 以上；预期每年可拦沙保土 9.97 万 t 以上，拦蓄径流 19.94 万 m³，基本控制水土流失，总结完善多种生态治理模式，形成不同生态治理景观，最终建成国家级水土保持科技示范园区。

（2）建设规模

生态建设规模：拟新增水土保持综合治理措施面积 1 994.08 hm²，其中种植乔木林 145.66 hm²，灌木林 1 280.58 hm²，经济林 34.41 hm²，苗圃 189.16 hm²，实施生态修复面积 233.64 hm²，其中补植补种 58.41 hm²；新增林地主要为当地适宜树种，包括油松、山杏、沙棘、柠条等，其适宜性强、易成活；同时适当引进新树种，主要有蒙古扁桃和云杉等，探索新的适宜树种，以丰富生物群落种类。

工程建设规模：新建骨干坝 4 座，加固现状骨干坝 1 座，新建蓄水池 1 个，沙棘柔性坝 329 座（占地面积 15.21 hm²），截伏流 2 处，沟头防护工程 4 369 m，发展节水灌溉面积 189.16 hm²。

9.2 工程总体布置

9.2.1 土地利用结构调整

本着因地制宜、因害设防的方针，在土地资源评价的基础上，合理确定各类用地，布置各项措施。项目区土地利用调整结果见表9-1。

表9-1 项目区土地利用调整概况　　　　　　　　　　单位：hm²

项目区名称	性质、状态		总面积	退耕地	林地	荒草地	砒砂岩裸露沟坡地	其他
圪秋沟	现状	面积	3 518	277.4	580.86	760.08	1 814.2	85.5
		占总面积/%	100	7.89	16.51	21.61	51.57	2.43
	新增(减少)面积			−277.4	+1 994.08	−558.62	−1 160.06	+2
	规划	面积	3 518	0	2 574.94	201.46	654.14	87.49
		占总面积/%	100	0.00	73.19	5.73	18.59	2.49

项目区现状林地面积为 580.86 hm²，占流域总面积的 16.51%。林地面积少，且分散，未能起到生态防护效益。通过项目实施，增加综合治理面积 1 994.08 hm²，从而有效防止水土流失，改善生态环境。

9.2.2 工程总体布置与投资

（1）项目区总体布局

项目区总体布局大致分为三个区域。

一是砒砂岩生态治理示范区，建设绿化景观林、坡面经济林、沟坡防护林、苗圃、生态修复区、沟道防护区 6 个生态治理区。

①绿化景观林　梁峁坡顶，地形相对较完整，坡度一般在 15° 以下，营造生态绿化景观林，结合经济效益的发挥，发展部分生态经济林，主要造林树种有油松、山杏、沙棘、柠条、蒙古扁桃和云杉；绿化景观林造林面积 554.04 hm²。

②坡面经济林　在土质条件较好的阳坡、缓坡地种植经济效益高的大果沙棘和山杏，形成坡面经济林，造林面积 34.41 hm²。

③沟坡防护林　梁、峁、沟、坡，地形陡急，砒砂岩裸露，重力侵蚀严重，极易发生崩塌、滑坡、下泄等地质灾害，在红色砒砂岩层栽植沙棘苗，形成沙棘护坡林，造林面积 1 142.85 hm²。

④苗圃　川台地大部分为退耕地，土质、地形及水源条件好，为满足绿化苗

木需求，发展苗圃种植基地 189.16 hm²，配套节水灌溉系统。

⑤生态修复区 项目区 109 国道南侧部分区域、项目区圪秋沟南侧部分区域林草郁闭度＜30%的疏林地规划为生态修复区，使生态功能自然恢复，生态修复区面积 233.64 hm²，补植补种 58.41 hm²。

⑥沟道防护区 为减少水土流失、充分利用雨水资源，在小的支毛沟建设沙棘柔性坝 329 处，占地面积 15.21 hm²；较大支沟兴建淤地坝 4 座（二虎沟 1 座、石家沟 2 座、达几麻沟 1 座），加固现有什布尔台沟骨干坝 1 座，配套蓄水池 1 个；主沟道布设 2 处截伏流工程；为防止坡面暴雨径流由沟头进入沟道或使之有控制地进入沟道，有效制止沟头前进，保护地面不受沟壑切割破坏，在项目区沟头以上修建小型沟头防护工程 4 369 m。

二是什布尔台沟水土保持科技示范园区，为圪秋沟示范区的核心区，总占地面积 93 hm²，规划布设综合服务、气象要素监测区、土壤参数监测区、径流泥沙监测区、植物抗旱试验、植物园观赏等多个功能区。

三是衔接地质公园结合区。位于项目区圪秋沟南侧，主要是加工、提高原有的治理措施。生态治理以生态修复为主，对裸露的砒砂岩沟坡进行沙棘林护坡治理，修通与地质公园连接的道路。

（2）投资概算

按 2011 年价格水平年计算，工程总投资为 2 066.8 万元，其中林草措施投资 1 202.93 万元，独立费用 563.90 万元，基本预备费 300.00 万元。工程投资由中央投资和地方配套组成。

9.2.3　治理效益

水土保持工程项目实施后，流域水土流失得到基本控制，生态环境得到恢复和重建。治理后的效益主要体现在三个方面：

（1）生态效益，每年可拦泥保土 9.97 万 t，拦蓄径流 19.94 万 m³。

（2）经济效益，经过分析计算，平均每年林草枝条收益 160.82 万元。项目区每年育苗 189.16 hm²，其收入扣除生产成本外，可用于维持示范园区的正常运行。

（3）项目实施有效增加当地群众收入，主要体现在三个方面：一是劳务收入，项目实施期及后期的抚育管理都需要雇佣大量劳力，每人每天工钱为 120 元，这将给当地农民带来很大的经济收入。二是租赁土地收入，项目区有退耕的川台地 2 800 多亩，什布尔台沟国家科技示范园区用地 1 400 亩，按每亩每年租金 150 元计，租赁土地收入可达 63 万元。三是项目区育苗用工，可提供常年性就业岗位 30 个，按每人每年平均工资 3.6 万元计算，可收入 108 万元；季节性就业岗位 150

个，按每人每月 3 000 元计算，6 个月可收入 270 万元。

（4）社会效益，项目实施后成为水土保持治理和监测示范、科学技术研究推广、水土保持宣传等的重要阵地和平台，为增强全市的水土流失忧患意识、展示水土保持治理成果、提升水土保持科技水平、促进生态文明建设发挥积极作用。同时，项目区南侧紧邻砒砂岩地质公园，可开发为衔接地质公园的生态旅游景区。

9.2.4 项目区及水土保持措施概况

项目区及水土保持措施概况见表 9-2。

表 9-2 项目区及水土保持措施概况

名称	数量	名称	数量
一、基本情况		（四）水土流失及水土保持现状	
（一）位置与面积		主要水土流失类型	水力侵蚀
项目区位置	圪秋沟	水土流失面积/km²	33.07
所属流域	皇甫川	土壤侵蚀模数/[万 t/（km²·a）]	1.68
小流域（片区）面积/ km²	35.18	已治理面积/hm²	580.86
（二）项目区自然概况		二、工程规模	
地貌类型	裸露砒砂岩	综合治理面积/hm²	1 994.08
地面组成物质		三、主要措施数量	
多年平均降雨量/mm	306	（一）工程措施	
多年平均气温/℃	6	沟头防护/m	4 369
林草覆盖率/%	15	沙棘柔性坝/处	329
10 年一遇 24 h 最大降雨量/mm	145	截伏流/座	2
20 年一遇 25 h 最大降雨量/ mm	195	新建骨干坝/座	4
（三）社会经济情况		加固骨干坝/座	1
总人口/人	528	新建蓄水池/个	1
农村人口人	528	节水灌溉/hm²	189.16
劳动力/人	176	（二）林草措施	
人口密度/（人/km²）	15.01	乔木林/hm²	145.66
人均耕地/（hm²/人）		灌木林/hm²	1 280.58
人均水平农田/（hm²/人）		经济林/hm²	34.41
人均产粮/（kg/人）		苗圃/hm²	189.16
农民人均纯收入/（元/人）	7 800	（三）封育治理措施/hm²	233.64
		补植补种/hm²	58.41

9.3 造林标准与沙棘柔性坝的应用

根据划分的立地条件类型和宜选择的造林树种及相关造林技术，共划分了147个造林小班，包括6个典型的造林类型设计。

典型设计 A：沙棘、油松混交林典型设计。

典型设计 B：沙棘、蒙古扁桃混交林典型设计。

典型设计 C：沙棘、柠条混交林典型设计。

典型设计 D：沙棘沟坡防护林典型设计。

典型设计 E：沙棘柔性坝典型设计。

典型设计 F：大果沙棘林典型设计。

共计规划造林面积 1 804.92 hm²，其中乔木林 263.28 hm²，灌木林 1 350.38 hm²，乔灌混交林 191.26 hm²。

以下对沙棘、油松混交林、沙棘柔性坝以及大果沙棘林的典型设计进行简单介绍。

9.3.1 沙棘、油松混交林典型设计

（1）典型设计代号：A

（2）立地条件：阳坡缓坡地、阴坡缓坡地

（3）造林设计：梁峁缓坡地种植沙棘和油松混交林，采用隔带种植方式。为了通过不同的种植模式反映沙棘、油松混交林的成活率及生长情况等，将在 125 号图斑内布设4个试验地块，每块面积为 0.2 hm²，株行距分别为 3 m×4 m、3 m×5 m、4 m×4 m、4 m×5 m，其余地块株行距为 3 m×4 m。总面积 135.37 hm²。

9.3.2 沙棘柔性坝典型设计

（1）典型设计代号：E

（2）立地条件：支、毛沟沟底

（3）柔性坝设计：

①设计内容

②坝系规划

确定合理的坝系结构，采取多座阶梯式植物柔性坝坝系布置形式。

③坝系工程密度确定

植物柔性坝坝系工程的规划密度，由沟床比降大小和地形条件等确定，具体

可根据第 7 章中的 7.3.4 节的方法确定。项目区共规划 329 座沙棘柔性坝。总面积 15.21 hm²。设计主要技术指标见表 9-3。

表 9-3 沙棘柔性坝设计技术指标

编号	沟长	沟宽	行距/m	株距/m	每座沙棘行数	坝长/m	座数	需苗量/株	占地面积/hm²
1	228	35	2.0	0.2	25	48	2	8 750	0.17
2	305	31	2.0	0.2	22	42	3	10 230	0.13
3	385	29	2.0	0.2	25	48	2	7 250	0.14
4	751	48	2.0	0.2	26	50	3	18 720	0.24
5	422	32	2.0	0.2	23	44	3	11 040	0.14
6	346	43	2.0	0.2	21	40	3	13 545	0.17
7	560	50	2.0	0.2	25	48	3	18 750	0.24
8	594	26	2.0	0.2	25	48	3	9 750	0.12
9	1 100	61	2.0	0.2	25	48	8	61 000	0.29
10	1 210	49	2.0	0.2	25	48	8	49 000	0.24
11	405	78	2.0	0.2	20	38	4	31 200	0.30
12	274	38	2.0	0.2	22	42	3	12 540	0.16
13	354	37	2.0	0.2	24	46	3	13 320	0.17
14	198	36	2.0	0.2	22	42	2	7 920	0.15
15	535	45	2.0	0.2	23	44	4	20 700	0.20
16	246	25	2.0	0.2	16	30	3	6 000	0.08
17	276	34	2.0	0.2	18	34	2	6 120	0.12
18	335	54	2.0	0.2	18	34	1	4 860	0.18
19	379	29	2.0	0.2	22	42	3	9 570	0.12
20	250	21	2.0	0.2	25	48	2	5 250	0.10
21	522	29	2.0	0.2	25	48	4	14 500	0.14
22	209	42	2.0	0.2	24	46	2	10 080	0.19
23	292	37	2.0	0.2	20	38	3	11 100	0.14
24	311	50	2.0	0.2	21	40	3	15 750	0.20
25	345	48	2.0	0.2	20	38	3	14 400	0.18
26	405	41	2.0	0.2	20	38	4	16 400	0.16
27	653	63	2.0	0.2	26	50	4	32 760	0.32
28	248	26	2.0	0.2	24	46	2	6 240	0.12
29	287	45	2.0	0.2	21	40	3	14 175	0.18
30	471	32	2.0	0.2	23	44	4	14 720	0.14
31	301	35	2.0	0.2	23	44	3	12 075	0.15

编号	沟长	沟宽	行距/ m	株距/ m	每座沙棘行数	坝长/m	座数	需苗量/ 株	占地面积/ hm²
32	371	34	2.0	0.2	24	46	3	12 240	0.16
33	687	72	2.0	0.2	26	50	5	46 800	0.36
34	325	46	2.0	0.2	21	40	3	14 490	0.18
35	322	35	2.0	0.2	21	40	3	11 025	0.14
36	475	48	2.0	0.2	23	44	4	22 080	0.21
37	686	27	2.0	0.2	26	50	4	14 040	0.14
38	210	28	2.0	0.2	24	46	2	6 720	0.13
39	203	52	2.0	0.2	23	44	2	11960	0.23
40	890	57	2.0	0.2	26	50	6	44 460	0.29
41	567	54	2.0	0.2	23	44	4	24 840	0.24
42	327	68	2.0	0.2	21	40	3	21 420	0.27
43	2 730	75	2.0	0.2	26	50	15	146 250	0.38
44	613	32	2.0	0.2	24	46	5	19 200	0.15
45	1 595	50	2.0	0.2	26	50	10	65 000	0.25
46	313	33	2.0	0.2	21	40	3	10 395	0.13
47	331	33	2.0	0.2	21	40	3	10 395	0.13
48	295	35	2.0	0.2	18	34	3	9 450	0.12
49	284	29	2.0	0.2	21	40	3	9 135	0.12
50	260	50	2.0	0.2	18	34	3	13 500	0.17
51	327	48	2.0	0.2	20	38	3	14 400	0.18
52	809	71	2.0	0.2	26	50	6	55 380	0.36
53	366	61	2.0	0.2	22	42	3	20 130	0.26
54	283	29	2.0	0.2	21	40	3	9 135	0.12
55	460	63	2.0	0.2	21	40	4	26 460	0.25
56	600	35	2.0	0.2	24	46	5	21 000	0.16
57	589	45	2.0	0.2	23	44	5	25 875	0.20
58	605	41	2.0	0.2	21	40	5	21 525	0.16
59	556	49	2.0	0.2	21	40	5	25 725	0.20
60	418	25	2.0	0.2	26	50	3	9 750	0.13
61	568	46	2.0	0.2	21	40	5	24 150	0.18
62	600	41	2.0	0.2	21	40	5	21 525	0.16
63	683	54	2.0	0.2	25	48	5	33 750	0.26
64	2 767	64	2.0	0.2	26	50	20	166 400	0.32
65	328	49	2.0	0.2	24	46	3	17 640	0.23
66	1 136	49	2.0	0.2	25	48	8	49 000	0.24
67	530	36	2.0	0.2	26	50	4	18 720	0.18

编号	沟长	沟宽	行距/m	株距/m	每座沙棘行数	坝长/m	座数	需苗量/株	占地面积/hm²
68	530	45	2.0	0.2	26	50	4	23 400	0.23
69	506	37	2.0	0.2	23	44	4	17 020	0.16
70	354	37	2.0	0.2	25	48	3	13 875	0.18
71	354	54	2.0	0.2	25	48	3	20 250	0.26
72	565	49	2.0	0.2	21	40	5	25 725	0.20
73	364	41	2.0	0.2	25	48	3	15 375	0.20
74	488	54	2.0	0.2	23	44	4	24 840	0.24
75	213	32	2.0	0.2	26	50	2	8 320	0.16
76	297	43	2.0	0.2	21	40	3	13 545	0.17
77	233	39	2.0	0.2	18	34	2	7 020	0.13
78	1 310	34	2.0	0.2	26	50	9	39 780	0.17
79	400	29	2.0	0.2	19	36	4	11 020	0.10
80	485	31	2.0	0.2	25	48	4	15 500	0.15
81	309	37	2.0	0.2	20	38	3	11 100	0.14
合计	—	—	—	—	—	—	329	180 8 450	15.21

9.3.3 大果沙棘林典型设计

（1）典型设计代号：F

（2）立地条件：阳坡缓坡地、河滩地

（3）造林设计：为了通过不同的种植模式反映大果沙棘林的成活率及生长情况等，将在研究区内布设 4 个试验地块，每块面积为 0.2 hm²，株行距分别为 2 m×6 m、2 m×5 m、3 m×4 m，其余地块株行距为 2 m×6 m，总面积 11.39 hm²。大果沙棘林造林设计技术指标见表 9-4。

表 9-4　大果沙棘林造林设计技术指标

树种	株距/m	行距/m	苗木		需苗量	
			苗龄	种类	株/穴	株/hm²
沙棘	2	6	2	实生	1	833
沙棘	2	5	2	实生	1	1 000
沙棘	3	4	2	实生	1	833

（4）造林技术措施：

整地：在阳坡缓坡地以鱼鳞坑整地造林。

栽植要求：①造林前，造林地有地下害虫时，应采取防虫措施。②栽植人员领取苗木后，应将苗木放入提桶或塑料袋中，覆盖苗根，每次领苗数量适当，应在长时间的休息前栽完。③栽植时，要手提苗木置于穴的中部，保持苗木根条舒展垂直，深埋、少露，分层填土踩实，上覆虚土，且每穴栽植苗木 1 株。④栽植时间：沙棘种植采用春秋两季造林。春季种植时间一般在 3 月中下旬开始至 5 月初。在土壤解冻 20 cm 左右时，进行沙棘种植效果较好。秋季造林栽植时间自沙棘苗木停止生长、开始落叶起，到土壤冻结前为止，时间在 10 月底至 11 月中旬左右。

9.4 本章小结

东一支沟及西召沟沙棘柔性坝野外试验为沙棘柔性坝在内蒙古准格尔旗圪秋沟水土保持综合治理提供了理论基础与技术支撑。如果圪秋沟水土保持综合治理示范项目获得成功，那么将为未来全面治理砒砂岩区域水土流失提供可资借鉴的技术模式与经验。本章首先对准格尔旗圪秋沟水土保持综合治理项目及其治理技术措施进行了简要介绍，然后主要介绍了沙棘柔性坝及其坝系技术在其中的应用。沙棘在该项目中的应用是以两种方式进行的，一是在有些区域以沙棘纯林或沙棘与其他树种相混交的混交林的形式；二是以沙棘柔性坝的形式，沙棘柔性坝主要布设在圪秋沟的所有支、毛沟头以及沟道的拐点位置，主要遏制沟道溯源侵蚀和特别部位的侧向侵蚀，从而抑制沟道的发展。该项目应用了第 5 章所介绍的小流域水土保持综合治理技术模式，我们相信该模式必将发挥重要作用，但是我们也注意到，该模式发挥最大效益的关键是沙棘柔性坝与刚性工程的有机结合与合理配置，因此，在未来还应该继续加强沙棘柔性坝与刚性工程的优化配置方面的研究。

10 结 语

（1）国内外研究表明，植物措施是治理水土流失的根本措施，砒砂岩地区也不例外。但是，在目前社会经济条件下，砒砂岩地区的水土流失必须将植物措施与工程措施结合起来，采取小流域水土保持综合治理技术模式，方能有效地控制水土流失，渐进式地恢复区域生态。当社会经济发展到一定程度后，砒砂岩区的生态恢复也达到了一定程度，那时该区的水土流失也许就可以完全依赖植物措施了。

（2）沙棘植物"柔性坝"是根据沙棘的生物学、植物学特性，在砒砂岩区支毛沟壑中垂直水流方向，按梅花形种植若干行，构成坝型框架，利用沙棘绳索状横根根瘤不断萌生新苗的繁殖且快速生长的特性，形成完整的密集透水体，将暴雨洪水挟带的大量泥沙拦截在沟道内，起到防冲促淤的作用。野外试验研究表明，沙棘植物"柔性坝"坝系能改变沟道的输水输沙特性。按一定株距和行距布设足够长"柔性坝"坝长，可以将暴雨形成的股流削弱为漫流，减小其剪切力，使平衡输沙改变为不平衡输沙，把泥沙就地拦截在支毛沟中，是遏制砒砂岩地区天然沟（谷）大比降、高产沙、多粗沙沟头侵蚀的有效植物措施。

（3）沙棘柔性坝野外水流试验表明，在沟道内种植沙棘柔性坝后，沙棘会对水流产生阻滞作用，增大了水流的阻力，壅高了上游水位，降低了水流的流速，削减水流床面的剪切力，减小了水流的挟沙力，从而减小了上游段一定范围内泥沙的启动几率，使上游来流中所挟带的部分泥沙也能够淤积下来，可有效地将泥沙就近拦截，保护沟床不受冲刷。

（4）沙棘柔性坝的拦沙能力取决于沙棘柔性坝的种植设计参数，也取决于沙棘植物柔性坝的长势状况。沟道内柔性坝的不同坝长、种植方式、种植密度等参数对水流阻力有不同的影响，其中坝长是主要影响因素。在坝长一定，种植密度越大，对水流的阻力越强。

（5）用沙棘作为砒砂岩地区沟道植物"柔性坝"的主要框架材料，能起到将拦沙、截流、消能、缓洪、溢流、抬高侵蚀基准、生态恢复于一体的特殊功能。植物"柔性坝"与刚性谷坊配置，不但可以把暴雨洪水挟带的泥沙就地控制在沟道内，而且还能天然分选暴雨洪水挟带的泥沙，即粗沙被拦截在"柔性坝"坝体和坝上游，细沙和水被拦截在刚性谷坊中，达到水沙分治，系统和完善了砒砂岩地区支毛沟的整体拦沙模式，展示了植物柔性工程调水调沙、治理砒砂岩区支毛沟头的典型新模式，其结果不仅为发展沟头林业和沟道农业生产打下良好的基础，还能加快退耕还林还草的步伐。

（6）野外试验为沙棘柔性坝的广泛传播与栽植提供了理论依据与实践指导，同时证明了用沙棘作为黄土高原干旱半干旱地区沟道植物拦沙框架材料，不仅可以达到永续恢复生态和拦沙的目的，还是迄今为止成本低廉的治理措施。

（7）在砒砂岩区小流域水土保持综合治理过程中，利用沟道地形特点，借助于沙棘或其他灌木植物篱笆，因势利导，上拦下排，围滩造田，在砒砂岩区较大的支毛沟内形成农田下沟的农田分配格局，形成以人工沙棘林为主的区域森林生态系统，体现了"黄土高原生态经济是以农业生态为基础，以林业生态经济为主体"的结构形态。

（8）沙棘柔性坝坝系工程技术是小流域沟道水土保持综合治理技术模式的基础，也是其重要组成部分。沙棘柔性坝在西召沟的推广应用试验以及黄土高原小流域水土保持综合治理的成功经验，说明以沙棘柔性坝坝系工程为基础的小流域沟道综合治理模式是切实可行的，是治理砒砂岩地区土壤侵蚀与水土流失的有效模式。本研究中所提出的小流域沟道综合治理技术模式中，沙棘发挥着协调水、土、沙资源的主导功能，在实现人与自然、环境友好相处过程中发挥着重要作用。沙棘协调水、土、沙资源的最终结果是形成三种人工生态系统、一个支柱产业开发系统和可持续发展管理系统，即：沟道人工森林生态系统、人工湿地系统、坡面草被系统、沙棘产业开发系统和可持续发展管理系统。这也再次证明了钱正英院士所提出的"以开发沙棘资源作为加速黄土高原治理的突破口"这一科学建议的实质，即沙棘在砒砂岩区小流域沟道水土保持综合治理过程中发挥着全方位的协调功能，最终实现人与自然的和谐相处。

总之，沙棘柔性坝试验及其推广应用示范，证明了以沙棘柔性坝为主体的小流域沟道水土保持综合治理模式是根治这一地区水土流失的有效措施；也证明了沙棘是在砒砂岩区千沟万壑中人工恢复生态、改善恶劣环境、就地拦截泥沙和暴雨洪水、形成绿色拦沙工程的先锋。沙棘柔性坝坝系工程是小流域沟道水土保持综合治理模式的重要组成部分，是形成微型水库和土壤水库的基础，这在一定程度上可以调控区域水资源，恢复生态系统，改善环境，有利于区域农业生态经济的发展。

参考文献

[1] 廖鸿. 水土流失成为头号环境问题[J]. 中国减灾, 2005（1）: 1-2.

[2] 盛连喜. 环境生态学导论[M]. 北京: 高等教育出版社, 2002.

[3] 朱俊凤, 朱震达. 中国沙漠化防治[M]. 北京: 中国林业出版社, 1999.

[4] 刘世荣, 温元光, 王兵. 中国树林生态系统水文生态功能[M]. 北京: 中国林业出版社, 1996.

[5] 袁仁茂, 杨晓燕. 水土流失的多因素分析及其防治措施[J]. 水土保持研究, 1999, 6（4）: 80-85.

[6] 黄季焜. 中国土地退化: 水土流失与盐渍化. 水世界网, 2007. http://www.chinacitywater. org/.

[7] 唐克丽, 等. 黄土高原水土流失与土壤退化研究初报[J]. 环境科学, 1984, 5（6）: 5-10.

[8] 吴发启, 等. 中国西部生态环境建设[J]. 水土保持研究, 2000, 3（1）: 2-5.

[9] 史德明. 中国水土流失及其对旱涝灾害的影响[J]. 自然灾害学报, 1996, 5（2）: 36-46.

[10] 蒋定生. 黄土高原水土流失与治理模式[M]. 北京: 中国水利水电出版社, 1997.

[11] 常茂德, 赵诚信, 等. 黄土高原地区不同类型区水土保持综合治理模式研究与评价[M]. 西安: 陕西科学技术出版社, 1995.

[12] 孟庆枚. 黄土高原水土保持[M]. 郑州: 黄河水利出版社, 1996.

[13] 姚文艺, 李占斌, 康玲玲. 黄土高原土壤侵蚀治理的生态环境效应[M]. 北京: 科学出版社, 2005.

[14] 黄河水利委员会黄河上中游管理局. 黄土高原水土保持实践与研究（二）[M]. 郑州: 黄河水利出版社, 1998.

[15] 钱宁, 王可钦, 阎林德, 等. 黄河中游粗泥沙来源区对黄河下游冲淤的影响[C]. 第一次泥沙国际学术讨论会论文集, 1980, 3: 33-62.

[16] 李仪祉. 《黄河水利委员会选辑》[M]. 李仪祉水利论著选集. 北京: 水利电力出版社, 1988.

[17] 黄河水利委员会黄河上中游管理局. 黄河志: 卷八 [M]. 郑州: 河南人民出版社, 1993.

[18] 麦乔威, 潘贤娣, 等. 黄河中游支流治理的重点及对黄河下游河道的减淤作用[J]. 人民

黄河，1980（3）：36-43.

[19] 张仁，程秀文，等. 拦截粗泥沙对黄河河道冲淤变化的影响[M]. 郑州：黄河水利出版社，1998.

[20] 徐建华，吕光圻，甘枝茂. 黄河中游多沙粗沙区区域界定[J]. 中国水利，2000（12）：37-38.

[21] 黄河水利委员会. 关于发布黄河中游多沙粗沙区区域界定成果的通告[B]. 2000.

[22] 韩学仕，吕永光，宋日升. 伊克昭盟植物篱建设现状及效益分析[C]. 黄河多沙粗沙区水土保持及土地管理国际学术研讨会论文集，1994.

[23] Tacio HD. The SAL System: Agro-forestry for Sloping Lands[J]. AgroforestryToday，1991，3：1，12-13.

[24] Madany MH. Living Fences：Somali farmers adopt an agro-forestry technology [J]. Agroforestry-Today，1991，3：1，4-7.

[25] Rao M R，Ong CK，Pathak P，et al. Productivity of Annual Cropping and Agroforestry Systems on a Shallow Alfisolin Semi-arid India [J]. Agroforestry-Systems，1991，15（1）：51-63.

[26] Nelson R A，Cramb R A，Menz K M，et al. Cost-benefit Analysis of Alternative Forms of Hedgerow Inter Cropping in the Philippine Uplands [J]. Agroforestry Systems，1998，39（3）：241-262.

[27] 李新平，等. 红壤坡耕地人工模拟降雨条件下植物篱笆水土保持效应及机理研究[J]. 水土保持学报，2002，16（2）：36-40.

[28] 许峰，等. 高等植物篱控制紫色土坡耕地侵蚀的特点[J]. 土壤学报，2002，39（1）：71-80.

[29] 王青杵，等. 黄土残塬沟壑区植物篱水土保持效益研究[J]. 中国水土保持，2001（12）：25-27.

[30] 陈治谏，等. 坡地植物篱农业技术生态经济效益评价[J]. 水土保持学报，2003，17（4）：125-128.

[31] Guido Runchelmeisfer. 植物篱——适用于发展中国家资源贫乏地区农民[C]. 水利部黄委会黄土高原水土保持项目办公室. 1992.

[32] R. G. 格里姆肖. 大力种植香根草保持水土[J]. 中国水土保持，1990（5）：40-45.

[33] Ruh Ming Li，H. W. Shen. Effect of Tall Vegetations on Flow and Sediment. Journal of Hydraulics Division，1973，99（5）：793-814.

[34] 董哲仁. 河流治理生态工程学的沿革与趋势[J]. 水利水电技术，2004，35（1）：39-41.

[35] Shoji Fukuoka. Flood-control Measure that Utilize Nation Function of River，Pro. Of XXV Congress of Internation Association for Hydraulic Research，Tokyo，1993，Ⅶ.

[36] N. Lzumi，S. Ikeda. Stable Channel Cross-Section of Straight Gravel Rivers with Trees on Banks，Proc. of JSCE，No. 400.

[37] Shoji Fukuoka，Koh-ichi Fujita. Water Level prediction in River Courses with Vegetation，Pro. of XXV Congress of Internation Association for Hydraulic Research，Tokyo，1993，Ⅰ.

[38] Naot D. ，Nezu I. ，Nakagawa H. Hydrodynamiac Behavior of Partly Vegetatd Open Channels. J. Hydr. Engrg，ASCE，1996，122（11）：625-663.

[39] Dan Naot，Iehisa Nezu I.，Hiroji Nakagawa. Unstable Pattern in Partly Vegetated Channels. J. Hydr. Engrg. ，ASCE，1996，122（11）：671-673.

[40] O. 里德尔，D. 扎卡尔. 森林土壤改良学[M]. 王礼先，等译. 北京：中国林业出版社，1990.

[41] J. V. Philips H. W. Hjalmarson. Flood flow Effects on Riparian Vegetation in Arizona. Hydraulic Engineering， Published by the American Society of Civil Engineers，1994，1.

[42] 尹学良. 河床演变河道整治论文集[M]. 北京：中国建材工业出版社，1996.

[43] Z. Shi，et al. velocity Profiles in a Salt Marsh Canopy. Geo-Marine Letters，1996（16）.

[44] Z. Shi，et al. Flow Structure in and above the Various Heights of a Salt Marsh Canopy：A Laboratory Flume Study，Journal of Coastal Research，1995，11（4）.

[45] 李倬. 论林木的固沟减蚀作用[J]. 泥沙研究，1993（1）：14-21.

[46] Li Zhuo. The effects of Forest in Controlling Gully Erosion，Erosion. Debris. Flows and Environment in Mountain Regions IAHS Published，1991：290.

[47] 华绍祖，谭节升，等. 黄丘（一）副区水土流失规律及水土保持减水减沙效益试验研究报告[R]. 黄委会绥德水土保持科学试验站. 1989.

[48] 陈江南. 砒砂岩区典型人工植被调查与分析[J]. 人民黄河，1992（8）：29-30.

[49] 张淑芝，孙尚海. 水土保持林体系的时空有序[J]. 中国水土保持，1995（5）：25-28.

[50] 张书义，王学东. 发挥沙棘生态功能治理砒砂岩地区[J]. 沙棘，1990（8）：8-10.

[51] 钱正英. 以开发沙棘资源作为加速黄土高原治理的突破口[J]. 水土保持科技情报，1986（4）：1-2.

[52] 冉大川，柳林旺，赵力仪. 黄河中游河口镇至龙门区间水土保持与水沙变化[M]. 郑州：黄河水利出版社，2000.

[53] 陈彰岑，于德广，等. 黄河中游多沙粗沙区快速治理模式的实践与理论[M]. 郑州：黄河水利出版社，1998.

[54] 金争平，等. 砒砂岩区水土保持与农牧业发展研究[M]. 郑州：黄河水利出版社，2003.

[55] 王笃庆，马永林，耿绥和. 晋陕蒙接壤地区砒砂岩分布范围及侵蚀类型区划分[R]. 黄委会绥德水土保持科学试验站，1994.

[56] 冉大川，柳林旺，赵力仪. 黄河中游河口镇至龙门区间水土保持与水沙变化[M]. 郑州：黄河水利出版社，2000.

[57] 黄河水利科学研究所. 黄河下游粗泥沙的来源及粗颗粒泥沙来量对河道输沙影响阶段分析报告[R]. 1984.

[58] 李永海，孙振华，关保. 沙棘基础知识[M]. 杨凌：天则出版社，1990.

[59] 黄铨，史玲芳，王士坤. 沙棘种植技术与开发利用[M]. 北京：金盾出版社，1998.

[60] 张书义，王学东. 利用沙棘治理砒砂岩[J]. 中国水土保持，1990（2）：32-33.

[61] 李代琼，等. 沙棘改善环境的生态功能及效益试验研究[J]. 国际沙棘研究与开发，2004，2（2）：6-10.

[62] 李勇，徐晓琴，朱显谟. 黄土高原植物根系强化土壤渗透力的有效性[J]. 科学通报，1992（4）：80-83.

[63] 于倬德，陈杨钧. 沙棘根系的初步研究//黄委会天水水土保持科学试验站水土保持论文集[C]. 兰州：甘肃科学技术出版社，1992.

[64] 韩学仕，韩金莲，等. 沙棘治理砒砂岩初探[R]. 内蒙古伊盟水保办，伊盟水保所，1997.

[65] 毕慈芬，李桂芬. 砒砂岩地区沟道沙棘植物"柔性坝"原型拦沙研究[J]. 国际沙棘研究与开发，2003，1（1）：6-12.

[66] 毕慈芬. 黄土高原基岩产沙区治理对策探讨[J]. 泥沙研究，2001（4）：1-5.

[67] 王愿昌，等. 砒砂岩地区水土流失及其治理途径研究[M]. 郑州：黄河水利出版社，2007.

[68] 任美锷. 中国自然地理纲要：3版[M]. 北京：商务印书馆，2004.

[69] 郑新民，赵光耀，等. 黄河中游粗泥沙集中来源区治理方向研究[M]. 郑州：黄河水利出版社，2008.

[70] 孙建中. 黄土学（上篇）[M]. 香港：香港考古学会出版社，2005.

[71] 吴利杰，李新勇，等. 砒砂岩的微结构定量化特征研究[J]. 地球学报，2007，28（6）：597-602.

[72] 叶浩，石建省，等. 砒砂岩化学成分特征对重力侵蚀的影响[J]. 水文地质工程地质，2006（6）：5-8.

[73] 叶浩，石建省，等. 内蒙古南部砒砂岩岩性特征对重力侵蚀的影响[J]. 干旱区研究，2008，25（3）：402-405.

[74] 叶浩，石建省，等. 砒砂岩岩性特征对抗侵蚀性影响分析[J]. 地球学报，2006，27（2）：145-150.

[75] 石迎春，叶浩，等. 内蒙古南部砒砂岩侵蚀内因分析[J]. 地球学报，2004，25（6）：659-664.

[76] 陕西省农业勘察设计院. 陕西农业土壤[M]. 西安：陕西省科学技术出版社，1982.

[77] 王保国. 砒砂岩区土壤理化性状调查与分析[J]. 人民黄河，1992（8）：27-28，34.

[78]   张普，刘卫国. 黄土高原中部黄土沉积有机质记录特征及 C-N 指示意义[J]. 海洋地质与第四纪地质，2008，28（6）：119-124.

[79]   黄昌勇. 土壤学[M]. 北京：中国农业出版社，2000.

[80]   鲁彩艳，陈欣. 有机碳源添加对不同 C/N 比有机物料氮矿化进程的影响[J]. 中国科学院研究生院学报，2004，21（1）：108-112.

[81]   中国科学院黄土高原综合科学考察队. 黄土高原地区资源环境社会经济数据集[M]. 北京：中国经济出版社，1992.

[82]   杨振业，李经遗. 内蒙古自治区水文志[M]. 呼和浩特：内蒙古科技出版社，1995.

[83]   甘枝茂. 黄土高原地貌与土壤侵蚀研究[M]. 西安：陕西人民出版社，1992.

[84]   中国五百年旱涝灾害资料，中国气象科学数据共享服务网，http://cdc.cma.gov.cn/home.do.

[85]   颜济奎. 黄河上中游 1470—1980 年间连续枯水段的研究[R]. 水利部天津勘测设计院科研所，1980.

[86]   孙金铸，陈山，等. 内蒙古生态环境预警与整治对策[M]. 呼和浩特：内蒙古人民出版社，1994.

[87]   郭廷辅. 水土流失及其综合治理[M]. 长春：吉林科学技术出版社，1991.

[88]   郑粉莉. 土壤侵蚀预报模型研究进展[J]. 水土保持通报，2001，21（6）：16-18.

[89]   郑粉莉. 土壤侵蚀学科发展战略[J]. 水土保持研究，2004，11（4）：1-10.

[90]   郑粉莉，等. WEPP 模型及其在黄土高原的应用评价[M]. 北京：科学出版社，2010.

[91]   龚时旸，蒋德麒. 黄河中游黄土丘陵沟壑区沟道小流域水土流失区治理[M]. 北京：中国农业出版社，1987.

[92]   张宝信，赵庆昌，等. 黄土高原小流域泥沙来源的 ^{137}Cs 法研究[R]. 中国科学院黄土高原综合考察队，1998.

[93]   陆中臣，等. 流域地貌系统[M]. 大连：大连人民出版社，1991.

[94]   赵文林. 黄甫川流域水利水保工程减沙效益分析[R]. 黄委会水利科学研究院，1991.

[95]   景可，等. 窟野河、孤山川、秃尾河近期入黄泥沙及未来变化趋势分析[J]. 中国水土保持，1993（2）：24-26.

[96]   景可，陈浩. 黄河中游粗沙区的范围、数量及其基岩产沙的研究[J]. 科学通报，1986（12）：927-931.

[97]   王欣成，赵光耀. 试论窟野河和秃尾河沙区产沙环境特点及治理[N]. 人民日报，1991.

[98]   张瑞瑾. 河流泥沙动力学：2 版[M]. 北京：水利水电出版社，1998.

[99]   张日俊. 沙棘柔性坝水流试验研究[D]. 西安：西安理工大学，2007.

[100]   李怀恩，杨方社，张日俊，等. 沙棘柔性坝对水流影响的野外试验研究[J]. 水力发电学

报，2009，26（1）：124-129.

[101] 杨芳. 沙棘的研究进展[J]. 第一军医大学分校学报，2004，27（1）：79-81.

[102] 李宗孝，李伯文. 沙棘研究及其生态建设思考[J]. 中国基础科学研究论坛，2004（6）：40-44.

[103] 程艳，李森，等. 河渠种树水流特性试验研究[J]. 新疆农业大学学报，2003，26（2）：59-64.

[104] 阎洁，周著，等. 植物"柔性坝"阻水试验及固沙机理分析[J]. 新疆农业大学学报，2004，27（3）：40-45.

[105] 刘锋，邱秀云，周著. 植物"柔性坝"在不同底坡下水流特性的试验研究[J]. 新疆农业大学学报，2005，28（3）：53-57.

[106] 时钟，李艳红. 含植物河流平均流速分布的实验研究[J]. 上海交通大学学报，2003，37（8）：1 254-1 260.

[107] 黄本胜，赖冠文，等. 河滩种树对行洪影响试验研究[J]. 水动力学研究与进展，1999，14（4）：468-474.

[108] 顾峰峰. 芦苇阻力系数物模及湿地水流数模研究[D]. 大连：大连理工大学，2006.

[109] 槐文信，韩杰，曾玉红，等. 淹没柔性植被明渠恒定水流水利特性的试验研究[J]. 水利学报，2009，40（7）：791-797.

[110] 胡春宏. 黄河水沙过程变异及河道的复杂响应[M]. 北京：科学出版社，2005.

[111] 杨志达. 力、能量、熵和能耗率[J]. 泥沙情报，1992（1）：12-22.

[112] Yang C T，Song C C S. Theory of minimum energy and energy dissipation rate［M］. Encyclopedia of Fluid Mechanics，Vol．1，Chapter ll . Gulf Publishing Company，1986.

[113] Wu Q X，Zhao H Y. Soil and water conservation functions of seabuckthorn and its role in controlling and exploiting Loess Plateau[J]. Forestry Studies in China，2000，2（2）：50-56.

[114] 陈云明，刘国彬，侯喜录. 黄土丘陵半干旱区人工沙棘林水土保持和土壤水分生态效益分析[J]. 应用生态学报，2002，13（11）：1 389-1 393.

[115] 尹传华，冯固. 干旱区柽柳灌丛下土壤有机质、盐分的富集效应研究[J]. 中国生态农业学报，2008，16（1）：263-265.

[116] Webster R. Quantitative Spatial analysis of soil in the field[J]. Advances in Soil Science，1985，3：1-70.

[117] Trangmar B B，Yostet R S，Uehara G. Application of geostatistics to spatial studies of soil properties[J]. Advanced Agronomy，1985，38：44-94.

[118] 余新晓，张振明，朱建刚. 八达岭森林土壤养分空间异质性研究[J]. 土壤学报，2009，46（5）：959-964.

[119] 赵成义，王玉朝. 荒漠绿洲边缘区土壤水分时空动态研究[J]. 水土保持学报，2005，19（1）：124-127.

[120] 格日乐，张力，刘军. 库布齐沙漠人工梭林地土壤水分动态规律的研究[J]. 干旱区资源与环境，2006，20（6）：173-177.

[121] 王国梁，刘国斌. 黄土丘陵区不同土地利用方式对土壤含水率的影响[J]. 农业工程学报，2009，25（2）：31-35.

[122] Berndtsson R，Chen H. Variability of soil water content along atransect in a desert area[J]. Journal of Arid Environments，1994，27：127-139.

[123] Qiu Y，Fu B J，Wang J，et al. Soil moisture variation in relation to topography and land use in a hillslope catchment of the Loess Plateau，China[J]. Journal of Hydrology，2001，240（3-4）：243-263.

[124] Hou J R，Huang J X. Geostatistics and its application in calculating ore reserves[M]. Beijing：Geological Publishing House，1982.

[125] 王政权. 地统计学及在生态学中的应用[M]. 北京：科学出版社，1999.

[126] Kim Sanghyun，Kim Hyeonjun. Stochastic analysis of soil moisture to understand spatial and temporal variations of soil wetness at a steep hillside[J]. Journal of Hydrology，2007，341（1-2）：1-11.

[127] Brocca L，Morbidelli R，Melone F，et al. Soil moisture spatial variability in experimental areas of central Italy[J]. Journal of Hydrology，2007，333（2-4）：356-373.

[128] Brocca L，Tullo T，Melone F，et al. Catchment scale soil moisture spatial–temporal variability[J]. Journal of Hydrology，2012，422-423：63-75.

[129] 陈伏生，曾德慧，陈广生，等. 不同土地利用方式下沙地水分空间变异规律[J]. 生态学杂志，2003，22（6）：43-48.

[130] 陆健健，等. 湿地生态学[M]. 北京：高等教育出版社，2011.

[131] 赵金荣，孙立达，朱金兆. 黄土高原水土保持灌木[M]. 北京：中国林业出版社，1994.

[132] 周章义. 内蒙古鄂尔多斯市东部老龄沙棘死亡原因及其对策[J]. 沙棘，2002，15（2）：7-11.

致 谢

本研究在进行过程中，得到了西安理工大学李怀恩教授、李占斌教授、陕西师范大学延军平教授以及长安大学王文科教授等的指导与帮助，对他们在研究工作中提出的宝贵意见与建议，在此表示衷心的感谢！

在前期研究过程中，在资料收集方面，得到了水利部沙棘中心、黄河上中游管理局、鄂尔多斯市水土保持科学研究所、鄂尔多斯市水土保持局、准格尔旗水土保持局等单位领导和同仁们的大力支持，他们在资料搜集与野外调研等方面均给予了大力支持，在此一并向他们表示最诚挚的谢意！

在研究与初稿撰写过程中，西北大学曹明明教授、李同昇教授、马俊杰教授、刘康教授、白红英教授、杨勤科教授、宋进喜教授、杨新军教授、王俊教授等提出了许多中肯性的意见与建议，对于提高本书的质量有很大帮助；苏淑珍、张娟娟、李浩、丌潘、张鸿敏、韩琛等研究生们在试验基地建设、野外试验与资料整理过程中做了大量的工作；在此一并向他们表示诚挚的谢意！

同行评审专家们在百忙之中对本书提出了一些宝贵意见与建议，在此对他们也表示衷心的感谢！

作者工作单位的领导们在本书出版过程中给予了大力支持与关怀，在此对他们也表示衷心的感谢！

在本书出版过程中，中国环境出版社的同志们给予了热心支持，并付出了辛勤劳动，在此一并向他们表示诚挚的谢意！

最后，也要衷心地感谢家人，他们长期以来的支持与鼓励，一直是我前进的动力，在此对他们也表示深深的谢意！

感谢国家自然科学基金项目（51279163）、陕西省重点科技创新团队计划项目（2014KCT-27）、陕西省自然科学基金项目（2010JQ5003）、教育部人文社科基金项目（09XJC910001）以及西北大学自然地理学陕西省重点学科建设项目对本研究的资助！

作者
2015 年 1 月于西安